Detlef Butterbrodt
Praxishandbuch umweltorientiertes Management

Springer
*Berlin
Heidelberg
New York
Barcelona
Budapest
Hongkong
London
Mailand
Paris
Santa Clara
Singapur
Tokio*

Detlef Butterbrodt

Praxishandbuch umweltorientiertes Management

Grundlagen, Konzept, Praxisbeispiel

Mit 46 Abbildungen

Dr.-Ing. Detlef Butterbrodt
Dr. Winter Umweltschutz GmbH
Osterstr. 58
20259 Hamburg

ISBN 3-540-63034-1 Springer-Verlag Berlin Heidelberg New York

Die deutsche Bibliothek - CIP Einheitsaufnahme
Butterbrodt, Detlef
Praxishandbuch umweltorientiertes Management: Grundlagen, Konzept, Praxisbeispiel/ Detlef Butterbrodt.-Berlin ; Heidelberg ; New York ; Barcelona ; Budapest ; Hong Kong ; London ; Mailand ; Paris Santa Clara ; Singapur ; Tokio: Springer, 1997
    ISBN 3-540-63034-1

Dieses Werk ist urheberrechtlich geschützt. Die dadurch begründeten Rechte, insbesondere die der Übersetzung, des Nachdrucks, des Vortrags, der Entnahme von Abbildungen und Tabellen, der Funk-sendung, der Mikroverfilmung oder Vervielfältigung auf anderen Wegen und der Speicherung in Datenverarbeitungsanlagen, bleiben, auch bei nur auszugsweiser Verwertung, vorbehalten. Eine Verfielfältigung dieses Werkes oder von Teilen dieses Werkes ist auch im Einzelfall nur in den Grenzen der gesetzlichen Bestimmungen des Urheberrechtsgesetzes der Bundesrepublik Deutschland vom 9. September 1965 in der jeweils geltenden Fassung zulässig. Sie ist grundsätzlich vergütungspflichtig. Zuwiderhandlungen unterliegen den Strafbestimmungen des Urheberrechtsgesetzes.

© Springer-Verlag Berlin Heidelberg 1997
Printed in Germany

Die Wiedergabe von Gebrauchsnamen, Handelsnamen, Warenbezeichnungen usw. in diesem Buch berechtigt auch ohne besondere Kennzeichnung nicht zu der Annahme, daß solche Namen im Sinne der Warenzeichen- und Markenschutz-Gesetzgebung als frei zu betrachten wären und daher von jedermann benutzt werden dürften.

Sollte in diesem Werk direkt oder indirekt auf Gesetze, Vorschriften oder Richtlinien (z.B. DIN, VDI, VDE) Bezug genommen oder aus ihnen zitiert worden sein, so kann der Verlag keine Gewähr für die Richtigkeit, oder Aktualität übernehmen. Es empfiehlt sich, gegebenenfalls für die eigenen Arbeiten die vollständigen Vorschriften oder Richtlinien in der jeweils gültigen Fassung hinzuzuziehen.

Satz: Reproduktionsfertige Vorlage des Autors
Umschlaggestaltung: de'blik, Berlin

SPIN: 10629872   7/3020 - 5 4 3 2 1 0 - Gedruckt auf säurefreiem Papier

Geleitwort

Um uns herum tickt eine Zeitbombe. Dieses physikalisch nicht ganz akkurate Bild wird anschaulich, wenn wir an die Umwelt denken und an die mannigfaltigen Belastungen, die sie zu ertragen hat. Wird die anscheinend unaufhaltsam wachsende Erdbevölkerung, die zu einem immer größeren Anteil an den vielfältigen Segnungen der Technik teilhaben möchte, die Belastbarkeit von Mutter Erde eines nahen Tages überfordern? Oder hat sie es vielleicht schon?

Viele von uns leben erstaunlich sorglos in den Tag. Schließlich stellt sich ein gutes Gefühl ein, wenn man den gelben Wertstoffsack zuschnürt und zur Sammelstelle trägt - turnusmäßig alle zwei Wochen. Nun kann die Erde aufatmen!?

Die Zeiten der hohen Arbeitslosenzahlen sind keine guten Zeiten für den Umweltschutz. Die Probleme der Arbeitslosigkeit und des Euro lassen den Umweltschutz in der öffentlichen Diskussion weit zurücktreten. Ist das nur bedenklich oder schon fahrlässig? Vorsicht in Form von Vorsorge ist besser als Nachsicht, sollten die Schädigungen der Umwelt einmal für viele Jahre irreparabel sein.

Ungerührt davon gibt es Menschen, die unentwegt ihre Mission erfüllen, denen der Schutz der Umwelt eine Herzensangelegenheit ist und die mit großer Fachkompetenz für Transparenz sorgen und denen es gelingt nachzuweisen, daß Vorsorge auf der Ebene der Betriebswirtschaft erhebliche Vorteile gegenüber dem status quo des betrieblichen Alltags bietet, die somit neben der Ethik des Umweltschutzes auch dessen Wirksamkeit nachweist.

Einer von diesen Frauen und Männern ist der Autor dieses Buches. Trotz seiner Jugend überschaut er wie nur wenige andere die Entwicklung auf diesem Gebiet.

Eigene praktische Arbeiten und Erfahrungen erlaubten es ihm nun, ein Praxishandbuch zum Umweltmanagement zu schreiben und das Umweltmanagement als solches einzubetten in den betrieblichen Alltag.

Prof. Dr.-Ing. Gerd F. Kamiske   Berlin, im August 1997

Vorwort von Dr. Georg Winter

In dem vorliegenden Buch werden vorhandene Elemente umweltorientierten Managements aufgegriffen und vertieft und von partiellen Lösungen zu einem umfassenden Konzept weiterentwickelt. An die Stelle von unternehmensspezifischen Einzellösungen treten seit kurzem Standards für Umweltmanagementsysteme wie die internationale ISO 14001 und die Öko-Audit-Verordnung der Europäischen Union.

In diesen Normen wird die strategische, umfassende, z.T. auch auf die Öffentlichkeit ausgerichtete Vorgehensweise bei der Organisation des betrieblichen Umweltschutzes als ein Unternehmensziel hervorgehoben. Nach einer zunächst regionalen und nationalen Entwicklung umweltorientierter Unternehmensführung setzt sich diese international immer schneller durch. Hier kann von Ansätzen zu einer Öko-Globalisierung gesprochen werden.

Orientierungspunkte zukünftigen industriellen Handelns ergeben sich hierbei aus dem Dreigestirn ethisches Denken, Ökonomie und Ökologie.

Das Buch beschreibt eine Vorgehensweise, mit der Managementsysteme für den betrieblichen Umweltschutz in Unternehmen entwickelt werden können. Der Autor gibt sowohl der Unternehmensleitung, den Verantwortlichen in der Linienfunktion als auch den Beauftragten für Qualitäts- und Umweltmanagementsysteme ein gut lesbares Werk an die Hand. Auf die Darstellung der Grundlagen zum Aufbau einer Organisation folgen die Grundlagen des Qualitäts- und umweltbewußten Managements. Der Schwerpunkt liegt auf der Verzahnung beider Managementansätze und der Nutzung von Synergien. Für den Praktiker wichtig ist auch die Übersicht über die wichtigsten gesetzlichen Grundlagen zum betrieblichen Umweltschutz.

Im Hauptteil des Buches wird der rote Faden zur schrittweisen Umsetzung des Managementsystems für den betrieblichen Umweltschutz aufgespannt. Dem Autor gelingt es, Schritt für Schritt die praktische Umsetzung darzustellen und mit Beispielen plastisch zu machen.

Dr. Georg Winter   Hamburg, im August 1997

Vorwort des Autors

Umweltorientiertes Management paßt in die Unternehmensstrategie, die darauf ausgerichtet ist, auf aktuelle und zukünftige Anforderungen und internationale Wettbewerbsbedingungen zu reagieren. Ebenso wie Qualitätsmanagement bietet auch umweltorientiertes Management Potentiale, aus partiellen Organisationsansätzen mit dem Charakter von Insellösungen umfassende Organisations- und Entwicklungsansätze abzuleiten.

Nun ist niemand grundsätzlich gegen Umweltschutz und welcher Chef oder Mitarbeiter würde nicht gerne in einem Unternehmen tätig sein, das einen ausgezeichneten Umweltschutz betreibt? Doch wie kann der Weg beschritten werden, um dies zu erreichen und Umweltschutzzielen einen ähnlich hohen Stellenwert zu verschaffen wie anderen Zielen des Unternehmens?

Bisher steckt umweltorientiertes Management noch in den Kinderschuhen und sowohl Verbesserungs- und Einsparpotentiale wie auch Entwicklungschancen, die damit verbunden sind, werden noch wenig genutzt.

Umweltorientiertes Management ist wie auch Qualitätsmanagement dann am wirkungsvollsten, wenn Verschwendung von Anfang an vermieden und umweltorientiertes Verhalten als normaler Bestandteil der täglichen Arbeit und der Mangemententscheidung gesehen wird.

Wenn sich erst wenige Unternehmen die Vorteile des umweltorientierten Managements zunutze machen, drängt sich die Frage nach den Hürden und Stolpersteinen auf, die Führungskräfte davon abhalten, diesen Weg zu beschreiten.

Durch umweltorientiertes Management können zum einen erhebliche Kostensenkungspotentiale aufgespürt als auch eine Unternehmensentwicklung in Richtung des Total Quality Management vollzogen werden. Denn jeder Schritt zur Verbesserung und Systematisierung unter Umweltschutzaspekten ist auch ein Schritt auf dem Weg zur Business Excellence.

Umweltorientierte Unternehmensentwicklung erfordert eine intelligente Strategie, bei der mehrere Maßnahmen miteinander verknüpft werden. Hierbei dienen normative Standards wie z.B. die ISO 14001 oder die Öko-Audit-Verordnung der Europäischen Union als Syntheseinstrumente. Die Entwicklung einer Umweltschutzkultur im Unternehmen erfordert ein wegweisendes Umsetzungskonzept, auf dessen Grundlage Umweltschutz geplant und umgesetzt werden kann.

Wie der Weg zur Umweltschutzkultur aussehen kann und welche Gemeinsamkeiten zum Qualitätsmanagement bestehen, zeigt dieses Buch. Dazu ist die Vorgehensweise in überschaubare Phasen geordnet und mit einer Fülle von praktischen Hinweisen aus Fallbeispielen untermauert. Das Konzept kann unabhängig von bereits durchgeführten Maßnahmen, z.B. auf der Grundlage des Umweltrechts angewendet werden.

Umweltorientierte Unternehmensentwicklung ist dabei eine Möglichkeit, einen kontinuierlichen Lern- und Entwicklungsprozeß einzuleiten, um unternehmensinterne Bedingungen zu verändern und eine „lernende Organisation" im Sinne der kontinuierlichen Verbesserung zu entwickeln.

Ein Buch ist ein Projekt. Es gibt irgendwann einen Startpunkt und viel später nach Ablauf einer vereinbarten Zeit ein marktfähiges Werk. Dazwischen liegt die konstruktive und kooperative Zusammenarbeit vieler Menschen. Hier möchte ich vor allem all jene nennen, die ich im Rahmen des AiF/FQS-geförderten Forschungsprojekts „Umweltschutz als Bestandteil eines umfassenden Managementsystems" in verschiedenen Arbeitskreisen zum Thema kennen- und schätzengelernt habe. Ihnen gilt mein aufrichtiger Dank und meine tiefe Anerkennung.

Für die vielen Ideen möchte ich mich besonders bei Herrn Dipl.-Ing. Peter Wruk und seiner Frau, Herrn Dipl.-Ing. Lothar Rothe, Herrn Dr. Diethelm Reichenbach und Herrn Prof. Burkhard Schmager bedanken.

Noch vor Beginn des oben erwähnten Forschungsprojekts hat sich eine Gruppe von wissenschaftlichen Mitarbeitern zu einer hochschulübergreifenden Arbeitsgruppe zusammengefunden, um die aufgeführte Thematik aus wissenschaftlicher Sicht zu betrachten. Im Verlauf unserer sehr guten und intensiven Zusammenarbeit ist es dieser Gruppe nicht nur gelungen, ein Buch zum Thema mit dem Titel „Umweltorientierte Unternehmensentwicklung" zu schreiben, sondern auch Freundschaften zu schmieden. Hier möchte ich mich bedanken bei Herrn Dipl.-Wirt.-Ing. Ulrich Hamm, Herrn Dipl.-Oec. Stefan Jahnes, Herrn Dr. Sebastian Kostka, Herrn Dr. Stefan Otto und Herrn Dr. Ulrich Tammler.

Besonders erwähnen möchte ich Herrn Dr.-Ing. Klaus Wacker und Herrn Dilger, die mir in Ihrer Funktion als Geschäftsführer der Ritter Leichtmetallguss GmbH die Möglichkeit eröffnet haben, das im Rahmen der Forschungsarbeit entwickelte Konzept in ihrem Unternehmen anzuwenden. Darüber hinaus möchte ich mich bei allen Mitarbeitern des Unternehmens, insbesondere bei Herrn Dipl.-Ing. Werner Lorch für die Unterstützung bei unseren Bemühungen zur Entwicklung des betrieblichen Umweltschutzes bedanken.

Ohne die Unterstützung von Herrn Prof. Kamiske wäre dieses Buch nicht entstanden. Mit viel Weitsicht und noch mehr Engagement hat er es verstanden, Qualitätsthemen den Weg in die wissenschaftliche Ausbildung von Studenten und Führungskräften zu ebnen.

Bedanken möchte ich mich überdies bei Herrn Prof. Dr. Dr. h.c. B. Wilpert und Herrn Prof. Dr. h.c. mult. Dr.-Ing. G. Spur für das mir entgegengebrachte Engagement sowie bei Herrn Dr. Georg Winter. Herr Dr. Winter ist einer der wenigen „Visionäre", der die Bedeutung des Themas „Umweltorientiertes Management" schon frühzeitig erkannt und als Unternehmer selbst umgesetzt hat. Als weitsichtiger Vordenker hat er in Deutschland den Bundesdeutschen Arbeitskreis für Umweltbewußtes Management (B.A.U.M.) e.V. gegründet und vor 5 Jahren das International Network for Environmental Management (INEM) ins Leben gerufen.

Bedanken möchte ich mich bei allen meinen Freunden, Freundinnen, Kollegen und Mitarbeitern. Sie alle haben mich an ihren Erfahrungen und Ideen in Bezug auf Umweltmanagement, umfassendes Management und Gestaltung von Veränderungsprozessen teilhaben lassen. Besonders erwähnen möchte ich Herrn Dipl.-

Ing. Haye Jacobsen, Herrn Dipl.-Ing. Bernd Kempf, Herrn Dipl.-Ing. Holger Seidemann, Herrn cand. ing. Volker Piwek sowie Frau Dipl.-Ing. Martina Dannich-Kappelmann. Besonders erwähnen möchte ich an dieser Stelle auch Herrn Dipl.-Ing. Michael Kotthaus, Herrn Dipl.-Ing. Udo Henze, Frau Dipl.-Psych. Tanja Günther und Herrn Studiendirektor Werner Paul, die mich stets mit wertvollen Anregungen unterstützten sowie Frau Frauke Sveceny und Frau Ingrid Tismer, die mir am Institut jederzeit entschlossen und mit viel Hilfsbereitschaft zur Seite standen.

Bei jeder Forschungsarbeit und jedem Werk gibt es unermüdliche Helfer, ohne deren Unterstützung Forschungsarbeiten nur schwer realisiert werden können und Bücher wohl nicht erscheinen würden. Besonders bedanken möchte ich mich in diesem Zusammenhang bei Herrn Dipl.-Ing. Dirk Juhre.

Werner und Gerda Butterbrodt, meine Eltern, haben in verschiedenen Zusammenhängen zu diesem Buch beigetragen. Sie ermöglichten mir meine Ausbildung und förderten vor allem meine Entfaltungsmöglichkeiten, die es mir erlauben, die verschiedensten Herausforderungen anzunehmen und zu meistern.

Schließlich möchte ich mich, mit großer Zuversicht vor Augen, bei meiner Frau Carola Hentschel bedanken, insbesondere für das Vertrauen in meine Vision und unsere gemeinsame Zukunft.

Detlef Butterbrodt   Berlin, im August 1997

„Im Jetzigen muß das Künftige schon verborgen liegen. Das heißt Plan. Ohne dieses ist nichts in der Welt gut."

Georg Christoph Lichtenberg

Inhaltsverzeichnis

1 Einführung 1
2 Grundlagen 3
   2.1 Unternehmensorganisation 4
      2.1.1 Grundfunktionen der Organisation 6
      2.1.2 Arbeitsorganisation (Aufbau- und Ablauforganisation) 6
   2.2 Qualitätsmanagement 9
      2.2.1 Total Quality Management - Grundlagen und Entwicklung 9
      2.2.2 Ökologische Ausrichtung des Qualitätsmanagements 14
   2.3 Umweltmanagement 16
      2.3.1 Definition und Struktur 16
      2.3.2 Unternehmen und Umweltmanagement ... 17
      2.3.3 Umweltmanagementsysteme 18
      2.3.4 Umweltmanagementsystem nach Verordnung (EWG) Nr. 1836/93 20
      2.3.5 Umweltmanagementsystem nach DIN EN ISO 14001 30
      2.3.6 Umweltberichte und Umwelterklärungen 37
   2.4 Umweltrecht 38
      2.4.1 Strukturen des deutschen und europäischen Umweltrechts 38
      2.4.2 Grundlagen zu einzelnen deutschen Umweltgesetzen 44

3 Gemeinsame Umsetzung von Umwelt- und Qualitätsmanagementsystemen 53
   3.1 Erweiterter Qualitätsbegriff 53
      3.1.1 Zusammenhang zwischen Qualitäts- und Umweltmanagement 53
      3.1.2 Haupt- und Nebenprodukte als Gegenstände der Qualitätsverbesserung und des betrieblichen Umweltschutzes 55

3.2 Ökologische Komponenten im umfassenden Qualitätsmanagement 56
    3.2.1 Qualitätssichtweisen und deren Relevanz für Umweltmanagement 56
    3.2.2 Anwendung der Qualitätstechniken im betrieblichen Umweltschutz 61
    3.2.3 Historische Entwicklung der Standardisierung 73

4 Integrationsmöglichkeiten von Qualitäts- und Umweltmanagementsystemen 83
4.1 Summarisches Integrationsmodell 83
4.2 Adaptives Integrationsmodell 85
4.3 Produktlebenszyklus-Integrationsmodell 91

5 Konzept zur Umsetzung von betrieblichen Umweltmanagementsystemen 95
5.1 Vorgehensmethodik 95
5.2 Umsetzungskonzept 101
    5.2.1 Aufbau und Struktur 101
    5.2.2 Leistungsmerkmale des Umsetzungskonzepts 111
5.3 Anwendung des Umsetzungskonzepts 112
    5.3.1 Entscheidung der Leitung 113
    5.3.2 Projektvorbereitung 116
    5.3.3 Festlegung der Umweltpolitik 124
    5.3.4 Durchführung der Input/Output-Analyse 126
    5.3.5 Erhebungen zur Umweltschutz-Organisation 134
    5.3.6 Beurteilung der Umweltsituation 138
    5.3.7 Anpassung der Umweltpolitik 141
    5.3.8 Bestimmung der Umweltziele 142
    5.3.9 Bestimmung des Umweltprogramms 144
    5.3.10 Durchführung organisatorischer Maßnahmen 149
    5.3.11 Durchführung technischer Maßnahmen 160
    5.3.12 Dokumentation 165
    5.3.13 Durchführung des Umweltaudits 170
    5.3.14 Erstellung und Validierung der Umwelterklärung 173
    5.3.15 Kontinuierliche Verbesserung 178

6 Ergebnisse aus dem Fallbeispiel 183

Sach- und Namensverzeichnis **191**

Abkürzungsverzeichnis

a.a.R.T.	allgemein anerkannte Regeln der Technik
AA	Arbeitsausschuß
AbfG	Abfallgesetz
AbwAbG	Abwasserabgabengesetz
AFNOR	(französische Norm)
AK	Arbeitskreis
AKUM	Arbeitskreis Umweltmanagement
BGB	Bürgerliches Gesetzbuch
BGBl	Bundesgesetzblatt
BImSchG	Bundesimmissionsschutzgesetz
BImSchV	Bundesimmissionsschutzverordnung
BMU	Bundesministerium für Umwelt, Naturschutz und Reaktorsicherheit
BNatSchG	Bundesnaturschutzgesetz
BS	British Standard
BSI	British Standard Institute
BVW	betriebliches Vorschlagswesen
CEN	Comité Européen de Normalisation (Europäisches Komitee für Normung)
ChemG	Chemikaliengesetz
c_{pk}	Prozeßfähigkeitsindex
CWQC	Comany Wide Quality Control
DAU	Deutsche Akkreditierungs- und Zulassungsgesellschaft für Umweltgutachter mbH
DGQ	Deutsche Gesellschaft für Qualität e.V.
DIN	Deutsches Institut für Normung
DIS	Draft International Standard

EDV	elektronische Datenverarbeitung
EFQM	European Foundation for Quality Management
EFTA	European Free Trade Association (Europäische Freihandelszone)
EG	Europäische Gemeinschaft
EMAS	Environmental Management and Auditing Scheme
EN	Europäische Norm
EnEG	Energieeinsparungsgesetz
EQA	European Quality Award
EU	Europäische Union
EWG	Europäische Wirtschaftsgemeinschaft
FMEA	Fehlermöglichkeits- und -einflußanalyse
GenTG	Gentechnikgesetz
GmbH	Gesellschaft mit beschränkter Haftung
HoQ	House of Quality
ISO	International Standardisation Organisation
JIT	Just In Time
KrW-/AbfG	Kreislaufwirtschafts- und Abfallgesetz
LAG	Lenkungsausschuß der DGQ
LfU	Landesanstalt für Umweltschutz
M7	sieben Managementwerkzeuge
MA	Mitarbeiter
MBNQA	Malcolm Baldridge National Quality Award
MIT	Massachusetts Institute of Technology
NAGUS	Normenausschuß Grundlagen des Umweltschutzes
NQSZ	Normenausschuß Qualität, Statistik und Zertifizierungsgrundlagen
NSAI	National Standard Authority of Ireland
OWiG	Ordnungswidrigkeitengesetz

p_c	Prozeßfähigkeitsindex
PflSchG	Pflanzenschutzgesetz
Q7	sieben elementare Werkzeuge
QFD	Quality Function Deployment
QM	Qualitätsmanagement
QZ	Qualitätszirkel
RPZ	Risikoprioritätszahl
SAGE	Strategic Advisory Group on Environment
SC	Subcommittee
SPR	Statistische Prozeßregelung
StGB	Strafgesetzbuch
StrVG	Strahlenschutzvorsorgegesetz
SVP	Statistische Versuchsplanung
TA	Technische Anleitung
TC	Technical Committee
TEM	Total Environmental Management
TPM	Total Productive Maintenance
TQC	Total Quality Control
TQM	Total Quality Management
UAG	Umweltauditgesetz
UM	Umweltmanagement
UmweltHG	Umwelthaftungsgesetz
UN	United Nations (Vereinte Nationen)
UNE	(spanische Norm)
UVV	Unfallverhütungsvorschrift
VAwS	Verordnung für Anlagen zum Umgang mit wassergefährdenden Stoffen
VDE	Verein Deutscher Elektoingenieure
VDI	Verein Deutscher Ingenieure
VwV	Verwaltungsvorschrift
WHG	Wasserhaushaltsgesetz

Management-Information

Mit der zunehmenden Belastung der natürlichen Umwelt durch Schadstoffe und den immer deutlicher zutage tretenden negativen globalen Folgen ist in den letzten Jahren das öffentliche Interesse an betrieblichem und überbetrieblichem Umweltschutz gewachsen. Die Umweltpolitik der vergangenen zwei Jahrzehnte hat gezeigt, daß der Staat nur bestimmte Rahmenbedingungen schaffen kann, die vorwiegend durch reaktives und sanktionierendes Verhalten zum Ausdruck kommen. Dies erweist sich aber als noch nicht ausreichend. Die Folge dieser Entwicklung ist eine weitere Zunahme der Umweltbelastung.

Staatliche Umweltpolitik reicht nicht aus

Diese Entwicklung macht eine Abkehr von der reaktiven und sanktionierenden Haltung hin zu einer aktiven und gestalterischen notwendig. Hierzu sind Ideen und Innovationen erforderlich, die sowohl in organisatorischer als auch technischer Hinsicht eine Verlagerung von nachgeschalteten zu integrierten Umweltschutzmaßnahmen unterstützen. Integration bedeutet dann nicht nur, punktuell Maßnahmen des betrieblichen Umweltschutzes zu realisieren, sondern kontinuierlich in allen Phasen der Wertschöpfung Verschwendung insbesondere nicht nachwachsender Ressourcen zu vermeiden und das industrielle Wachstum daraufhin neu zu bewerten.

Umweltschutz in allen Phasen der Wertschöpfung realisieren

Verschwendung zu vermeiden und die Aufgaben gleich richtig zu machen, sind auch Grundprinzipien des Qualitätsmanagements. Aktives Umweltmanagement ist ebenso wie Qualitätsmanagement nicht nur eine technische Aufgabe, sondern eine Frage der Einstellung zu den Dingen, die man tut. Auf dieser Grundlage gelingt der Brückenschlag. Genauso wie Qualität aus Technik und Geisteshaltung erwächst, ist dies bei den betrieblichen Umweltaufgaben der Fall.

Auf die Einstellung kommt es an

Die Vorteile eines systematisch und effektiv betriebenen betrieblichen Umweltschutzes sind:

Die Vorteile des betrieblichen Umweltschutzes abchecken

- Reduzierung der Kosten durch rückläufige Investitionen in nachgeschaltete Reinigungstechnologien (End-of-pipe-Technologien), durch verminderten Ressourceneinsatz, verringerte Abfallmengen, Reduzierung der Sortenvielfalt in Einkauf und Entsorgung sowie durch geringere Versicherungsprämien aufgrund sinkender Haftungsrisiken,
- Reduzierung des Risikos infolge der Produkt- und Anlagenhaftung durch sicheren und gesetzeskonformen Anlagenbetrieb sowie Rechtssicherheit durch die nachweisbare Beachtung umweltrechtlicher Erfordernisse,
- Steigerung der Wettbewerbsfähigkeit durch Erschließung neuer, zukunftsorientierter Märkte und durch steigende Publizität und Imagegewinn in der Öffentlichkeit,
- Verbesserung und Vereinfachung betrieblicher Abläufe durch
  - steigende Motivation der Beschäftigten,
  - eine verbesserte Organisationsstruktur,
  - vereinfachte Kontakte zu Genehmigungsbehörden,
  - eine leichtere Erfüllung von Mitteilungs- und Dokumentationspflichten gegenüber Behörden.

Ein Unternehmen steht nun vor der Frage, wie es diese Vorteile für sich nutzen und ein wirksames Umweltmanagementsystem aufbauen kann. Dies erfordert jedoch die Ergänzung oder Veränderung von aufbau- und ablauforganisatorischen Gegebenheiten. Hiermit ist ein starker Eingriff in das sozial-technische Gefüge der Unternehmen verbunden. Durch die Umsetzung von Qualitätsmanagementsystemen und die Entwicklung von Total Quality Management (TQM) sind derzeit viele Unternehmen von den oben erwähnten Eingriffen in vorhandene Strukturen betroffen. Im Zusammenhang mit dem finanziellen, materiellen und personellen Aufwand für die damit verbundenen Aktivitäten und Maßnahmen stellt sich die Frage nach einer effizienten Vorgehensweise bei der Systementwicklung und der Nutzung von Synergien bei der Umsetzung von Umweltmanagementsystemen im Zusammenhang mit einem evtl. bestehenden Qualitätsmanagement.

Synergien nutzen

Die Strukturen und Inhalte der auf normativer Basis entwickelten Modelle (z.B. DIN EN ISO 9000-9004, DIN EN ISO 14001) sowie TQM stehen den realen betrieblichen Gegebenheiten gegenüber. Diese Modelle geben den strukturellen Rahmen (Strukturmodelle) zur betriebsinternen Abarbeitung der damit verbundenen Forderungen vor. Sowohl über die Zusammenführung von Qualitäts- und Umweltmanagementsystemen als auch über die systematische Umsetzung im betrieblichen Alltag werden bisher keine Aussagen gemacht. Mit dem vorliegenden Buch wird die Zusammenführung von Qualitäts- und Umweltmanagementsystemen realisiert. Auf der Grundlage des Projektmanagements wird ein Konzept zur Umsetzung von Umweltmanagementsystemen entwickelt und seine Anwendbarkeit aufgezeigt.

Grundlagen

Die Vorgehensweise zur Systemumsetzung wird aufgezeigt

1 Einführung

Basis für die Umsetzung von betrieblichen Umweltmanagementsystemen unter Aspekten des Qualitätsmanagements und die effiziente und wirtschaftliche Entwicklung beider Aufgabenfelder in der betrieblichen Praxis ist die Analyse der vorhandenen normativen und standardisierten Modelle, z.B. DIN EN ISO 9000 ff. und des Umweltrechts sowie deren Zusammenführung und betriebliche Umsetzbarkeit.

Das Buch soll Unternehmen, die auf internes Wissen bzgl. der Realisierung von Qualitäts- und Umweltmanagementkonzepten nicht zurückgreifen können, eine Möglichkeit zur Umsetzung eines unternehmensspezifischen Umweltmanagementsystems eröffnen. Im Zentrum steht das gut nachvollziehbare und pragmatische Konzept zur Einführung von Umweltmanagementsystemen. Dieses beruht auf einer Vorgehensweise, bei der bereits umgesetzte Teilaspekte der oben aufgeführten standardisierten und normierten Modelle, z.B. der DIN EN ISO 9000 ff. oder der Umweltgesetzgebung, berücksichtigt werden. So müssen Unternehmen nicht die gesamte Prozedur durchlaufen, wenn sie bereits eine Basis erarbeitet haben. Das Konzept selbst ist in Projektabschnitte zur Umsetzung gegliedert, die wiederum in Projektschritte bzw. in Arbeitspakete aufgesplittet sind.

Im Zentrum steht das Konzept für die Einführung von Umweltmanagementsystemen

Aufbau des Konzepts

Ausgehend von der Tatsache, daß Managementsysteme in vorhandene und oft über mehrere Jahre oder Jahrzehnte aufgebaute bzw. „gewachsene" Unternehmensstrukturen eingebunden werden sollen, werden zunächst die Grundlagen erläutert, die zu diesen Strukturen geführt haben. Von besonderer Bedeutung dabei sind die erst kürzlich anerkannte internationale Norm DIN EN ISO 14001 für Umweltmanagementsysteme, die in der Europäischen Union (EU) bedeutsame

Auf Vorhandenem aufbauen

Die aktuellen Standards

Verordnung (EWG) Nr. 1836/93 (EMAS-Verordnung) und die aktuellen Entwicklungen des Umweltrechts insbesondere im Bereich der Abfallwirtschaft.

Darauf aufbauend wird der erweiterte Qualitätsbegriff erläutert. Haupt- und Nebenprodukte werden gleichrangig als Gegenstand des Qualitätsmanagements und des betrieblichen Umweltschutzes angesehen. Die verschiedenen Aussagen führender Köpfe der Qualitätslehre und -wissenschaft zum Qualitätsbegriff werden dargestellt und aus ökologischem Blickwinkel interpretiert. Hier gelingt der Brückenschlag zwischen den Inhalten des TQM und den Anforderungen des betrieblichen Umweltschutzes.

Zusammenhänge werden aufgezeigt

Im anschließenden Kapitel werden drei Modelle vorgestellt, auf deren Grundlage Qualitäts- und Umweltmanagementsysteme zusammengeführt werden können. Diese Modelle bilden die strukturelle Basis eines integrierten Systems und die Grundlage für den Aufbau des Dokumentationskonzepts. Im Rahmen des Pilotprojekts wurde die zweite Variante, das summarische Konzept, angewendet.

Das Konzept anwenden

Im folgenden Kapitel wird die Entwicklung und Darstellung des Konzeptes zur Umsetzung von betrieblichen Umweltmanagementsystemen anhand eines Fallbeispiels (Pilotprojekt) aufgezeigt. Aufbauend auf den Schlußfolgerungen der vorhergehenden Kapitel wird die Struktur des Konzepts für ein Umweltmanagementsystem und sein Wirken im gesamtbetrieblichen Zusammenhang abgeleitet und erläutert. Im Anschluß daran werden die einzelnen Projektschritte des Einführungskonzepts dargestellt. Es wird erörtert, wie das Konzept angewendet und wie die einzelnen Projektabschnitte unternehmensintern ausgestaltet werden können.

2 Grundlagen

Zur Integration von Qualitäts- und Umweltmanagementsystemen in Unternehmen und zur Umsetzung moderner Managementkonzepte, wie z.B. Total Quality Management, ist es sinnvoll und erforderlich, die vorhandenen Organisationsstrukturen zu betrachten. Hierdurch wird es möglich, die zu entwickelnden Maßnahmen für die Umsetzung von Managementsystemen oder den betrieblichen Umweltschutz optimal im Unternehmen einzusetzen. Organisieren bedeutet dann, innerhalb eines umrissenen Rahmens die Systemstrukturen festzulegen, die Funktionsträger zu bestimmen und deren Beziehungen zueinander zu regeln. Innerhalb des soziotechnischen Systems Unternehmen besteht die Aufgabe des Managements darin, die elementaren Organisationselemente Aufgaben, Informationen, Zuständigkeiten und Verantwortung auf die Funktionsträger Mensch und Arbeitsmittel (z.B. Produktionsanlagen, Informationssysteme) zu verteilen und die Zielerreichung sicherzustellen. Bei dieser Vorgehensweise werden eine Aufgabenstruktur, eine Kommunikationsstruktur und eine Autoritätsstruktur entwickelt.

Durch die Einführung eines betriebsspezifischen Umweltmanagementsystems werden die vorhandenen Unternehmensstrukturen beeinflußt und verändert. Die Kenntnis der organisatorischen Zusammenhänge und deren Analyse ist die Voraussetzung zur gezielten Weiterentwicklung der Aufgaben- und Kommunikationsstrukturen unter ökologischen und Qualitätsgesichtspunkten. Die Umsetzung eines Umweltmanagementsystems führt zur Veränderung der Struktur der Aufbau- und Ablauforganisation, weil neue Aufgaben in bestehende Strukturen und Abläufe integriert werden müssen. Diese ergeben sich aus den normativen Grundlagen des Umweltmanagements.

Die vorhandenen Strukturen beachten

Elementare Managementaufgaben

Die Zusammenhänge müssen bekannt sein

2.1
Unternehmensorganisation

Grundlagen der Organisation

Das gesamte betriebliche Geschehen vollzieht sich nach bestimmten Regeln, die zu einem Ordnungssystem zusammengefaßt werden können. Unter dem Ordnungssystem wird ganz allgemein eine strukturierte Gesamtheit von beliebigen Elementen mit wechselseitigen Beziehungen verstanden. Eine Unterscheidung erfolgt danach, ob das System in Wechselbeziehungen zum Systemumfeld steht oder nicht. Gibt es Beziehungen zum Umfeld, so spricht man von einem offenen System. Gibt es diese Beziehungen nicht, spricht man von einem geschlossenen System (vgl. ULRICH; FLURI, S.31). Eine weitere Differenzierung erfolgt nach dem hierarchischen Aufbau des Systems, der Systemhierarchie.

Das Unternehmen als System

Innerhalb eines definierten Systems gibt es Subsysteme, die gegenüber dem Hauptsystem als Systeme niederer Ordnung bezeichnet werden. Diese Teilsysteme des Gesamtsystems sind durch eine starke Beziehungsintensität gekennzeichnet. Die kleinste Einheit eines Systems ist das Systemelement. Die Abgrenzung der Systemelemente gegeneinander sowie die Systemabgrenzung gegenüber dem Umfeld ist dabei nicht objektiv vorgegeben, sondern hängt von der Betrachtungsweise des Systembeobachters ab. Die Systemumgebung wird auch als Umwelt eines System oder als Supersystem bezeichnet (vgl. JUNG; KLEINE, S.28). Im folgenden haben die drei Begriffe gleichwertige Bedeutung.

Das System „Unternehmen" ist aufgrund der vorhandenen Wechselbeziehungen mit dem Umfeld, z.B. dem Markt, den Lieferanten oder den konkreten Kunden, ein offenes System, das durch weitere unten aufgeführte Merkmale gekennzeichnet ist. Dieses System wird geplant und mit Hilfe organisatorischer Maßnahmen verwirklicht. Dabei wird unter der Organisation der Entwicklungsprozeß verstanden, der zu dieser Ordnung führt. Nach Schwarz ist dies der funktionale Organisationsbegriff (vgl. SCHWARZ, S.17). Am Ende des Entwicklungsprozesses steht das strukturierte Regelwerk „Unternehmen" quasi als Ergebnis dieses Prozesses und die geschaffene Organisation als Ordnungsystem. In diesem Fall wird die Organisation als Instrument zur Gestaltung von Leistungsabläufen und zur

Zielerfüllung verstanden und entsprechend als instrumenteller Organisationsbegriff definiert.

Außerdem besteht der institutionelle Organisationsbegriff. Unter diesem Begriff sind im allgemeinen alle zielgerichteten sozialen Systeme zusammengefaßt, z.B. Verwaltungen, Krankenhäuser u.a.m. Im Mittelpunkt der weiteren Betrachtung steht die strukturelle Ordnung, denn das geschaffene Ordnungssystem im Sinne des instrumentalen Organisationsbegriffs bildet die Grundlage zur Ausgestaltung von Prozessen zur Leistungsvollbringung und damit zur Zielerreichung.

Die Organisation als Institution

Nach der Definition des instrumentalen Organisationsbegriffs darf eine Organisation, und somit auch das Ordnungssystem „Unternehmen" nie Selbstzweck sein, sondern muß immer einen „dienenden" Charakter haben. Nach Ulrich und Fluri ist ein Unternehmen, dessen Wesen hier genauer beschrieben wird, ein wirtschaftlich selbsttragendes, multifunktionales und soziotechnisches System (vgl. ULRICH; FLURI, S.31).

Unternehmen sind nie Selbstzweck

Das auf längere Sicht ausgerichtete Zusammenwirken von Menschen mit dem Zweck, ein gemeinsames Ziel oder mehrere Ziele zu erreichen oder eine gemeinsame Leistung zu erbringen, wird als System im oben genannten Sinn bezeichnet. Wird dieses Zusammenwirken durch Menschen geprägt, spricht man von einem Sozialsystem. Im Gegensatz dazu werden Systeme, die vorwiegend einen technischen, naturwissenschaftlichen oder mathematischen Charakter haben, als technische Systeme bezeichnet. Hieraus abgeleitet bilden Unternehmen, in denen Menschen unter Zuhilfenahme technischer Mittel tätig sind, soziotechnische Systeme (vgl. SPUR, S.199). Im Rahmen des soziotechnischen Systems Unternehmen gibt es zwei Gruppen von Einflußfaktoren. Zum einen sind das die personenbezogenen und zum anderen die aufgabenbezogenen Einflüsse. Die personenbezogenen sind diejenigen, die unmittelbar mit den Menschen in der Organisation und der Unternehmenskultur zusammenhängen. Unter der Unternehmenskultur werden hier alle im Unternehmen bewußt entwickelten und unterbewußt vorhandenen Werte, die gemeinsam vertreten werden, verstanden.

Unternehmen als soziotechnisches System

2.1.1
Grundfunktionen der Organisation

In Abschn. 2.1 wird das Unternehmen als offenes, ziel- und zweckorientiertes soziotechnisches System dargestellt und beschrieben. Ausschlaggebend für eine Differenzierung zwischen Unternehmen und Organisation sind dabei die spezifischen Merkmale, insbesondere die der Wirtschaftlichkeitsbetrachtung, d.h. die Gestaltung aller Unternehmensabläufe, die unter Effizienzkriterien (z.B. Qualität, Kosten, Termine) zu den gewünschten Ergebnissen führen sollen. Die Unternehmung ist damit ein Sonderfall der Organisation.

Effizienzkriterien für ein Unternehmen

Im Mittelpunkt der Organisation steht dabei die Transformation von Inputs (z.B. Rohstoffe, Energie, Arbeit, Informationen), die aus der Umwelt kommen, in Outputs (z.B. Halbzeuge, Fertigprodukte, Dienstleistungen), die in die Umwelt zurückgeführt werden. In dem unter wirtschaftlichen Bedingungen ablaufenden Prozeß der Umwandlung von Input in Output sieht Ulrich die primäre Unternehmensaufgabe (vgl. ULRICH, S.384). Das Ziel der Organisation besteht letztendlich darin, alle systemerhaltenden und -fördernden Transaktionen des Unternehmens mit der Systemumwelt bzw. mit dem Supersystem (Gesellschaft) zu realisieren, d.h. beispielsweise, Gewinne zu erwirtschaften.

Ziel der Organisation

Die Zergliederung eines Systems in Teilsysteme sowie die Interaktion eines Systems mit der Systemumwelt, z.B. dem Kunden oder dem Markt, erfordern ein Organisationsgefüge zur Koordination der Aufgaben, z.B. in Form eines Managementsystems, welches die Aufgabe hat, innerhalb der Teilsysteme und zwischen den Teilsystemen Koordinations- und Kontrollaufgaben zu übernehmen und diese zu unterstützen. Nach Katz und Kahn gibt es neben dem Managementsystem noch vier weitere Teilsysteme, mit denen das System Unternehmen beschrieben werden kann (vgl. KATZ; KAHN, S.387). Hierzu gehören das Produktionssystem, das Versorgungssystem, das Anpassungssystem und das Erhaltungssystem.

Aufgabe eines Managementsystems

2.1.2
Arbeitsorganisation (Aufbau- und Ablauforganistion)

Staehle spricht bei der Verteilung von Aufgaben, Informationen und Macht von einer Differenzierung und bei der zur Zielerreichung erforderlichen Koordination innerhalb des Systems von Integration. Dies entspricht der Vorgehensweise von Kosiol, der in diesem Zusammenhang von Analyse und Synthese spricht (vgl. KOSIOL, S.627).

Analyse- und Synthesetätigkeiten ergeben sich sowohl für die Gestaltung der Gebildestrukturen (Aufbauorganisation) als auch bei der Gestaltung der Prozesse (Ablauforganisation). Die Aufbauorganisation ist dabei der statische und die Ablauforganisation der dynamische Anteil. Bei der Aufgabenanalyse werden betriebliche Aufgaben nach vorgegebenen Merkmalen (Verrichtung, Objekt, Rang, Phase und Zweckbeziehung) in Teilaufgaben zerlegt. Durch die Aufgabensynthese werden die Teilaufgaben zu organisatorischen Einheiten zusammengefaßt und miteinander verbunden. Aus dieser Vorgehensweise werden Prozesse abgeleitet und die Organisationsstrukturen entwickelt. Die Aufgabensynthese ist durch vier Hauptmerkmale gekennzeichnet. Neben der Stellenbildung, bei der Kompetenzen für den Stelleninhaber zugewiesen werden, sind dies Instanzen- und Abteilungsbildung sowie die Aufgabenverteilung (Dezentralisation und Zentralisation).

Aufbau- und Ablauforganisation

Grundlagen der Aufbauorganisation

Als Ergebnis der Aufgabenanalyse und der nachfolgenden Synthese ergeben sich die Stellenbildung und das innerbetriebliche Beziehungsgefüge bzw. das Aufgabengefüge. Das Aufgabengefüge bildet die Grundlage zur Beschreibung des betrieblichen Aufbausystems. Das Aufbausystem besteht aus fünf Teilsystemen, hierzu gehören das Leitungssystem, das Kommunikations- bzw. Informationssystem, das Arbeitssystem, das Kontrollsystem und das Planungssystem. Das hierarchische Gebilde eines Unternehmens wird in erster Linie durch das Leitungssystem beschrieben. Ulrich und Fluri beschreiben übersichtlich die verschiedenen Modelle und wesentlichen Merkmale von Leitungssystemen bzw. Strukturtypen (vgl. ULRICH; FLURI, S.186). Neben den grundlegenden Strukturtypen wie Linienorganisation, Stab-Linien-Organisation, Funktionale Organisation und Matrix-Organisation werden von Spur weitere Organisationsformen aufgegriffen und erläutert. Hierbei handelt es sich um Organisationsformen, die nach Objekt (z.B. Komponenten im Automobilbau) und Verrichtung (z.B. Zentrallackierei in einem Maschinenbau-

Organisationsformen

konzern) ausgerichtet sind, wie beispielsweise Cost-Center und Profit-Center Konzepte (vgl. SPUR, S.203).

Die Prozeßstruktur beschreibt die arbeitsorganisatorischen Abläufe in einer zeitlichen Gliederung innerhalb der oben beschriebenen Gebildestruktur. Aufbauorganisation und Ablauforganisation sind in engem Zusammenhang zu sehen. Das Zusammenspiel von Aufbauorganisation und Ablauforganisation ermöglicht die betriebliche Aufgabenerfüllung und Zielerreichung. Hierbei versteht man unter Ablauforganisation die sinnhafte Gestaltung und Verknüpfung von Arbeitsprozessen, deren Aufgabe es ist, einzelne Arbeitsabläufe zu einer zweckmäßigen und wirtschaftlichen Prozeßstruktur zu verbinden. Dabei wird ein Gleichgewicht zwischen Stabilität und Flexibilität angestrebt. Zur Entwicklung der Prozeßstruktur wird ebenso wie bei der Entwicklung der Gebildestruktur (Aufbauorganisation) die Methode der Aufgabenanalyse und -synthese angewendet. Der Einsatz dieser auch als Arbeitsanalyse bezeichneten Methode ist die Grundlage für die Arbeitsteilung und die daraus resultierende Verteilung von Aufgaben in einem Unternehmen.

<small>Ablauforganisation</small>

Neben der Ausrichtung an den Arbeitsabläufen bzw. Prozessen, die in einem Unternehmen ablaufen, definieren Ulrich und Fluri Leitungsprozesse (vgl. ULRICH; FLURI, S.172). Im Rahmen dieser Betrachtungsweise werden Managementaufgaben wie Planen, Führen und Organisieren angeführt. Von Staehle wird die Managementaufgabe um die Funktion Kontrolle erweitert (vgl. STAEHLE, S.65). Diese vier Kernelemente des Managementbegriffs beziehen sich dabei sowohl auf die „Konstruktion" und Realisierung der Organisation im Sinne des funktionalen Organisationsbegriffs als auch auf die kontinuierliche Tätigkeit des Organisierens. In Bild 2.1 sind die Zusammenhänge der organisatorischen Strukturierungsaufgaben dargestellt.

<small>Managementaufgaben</small>

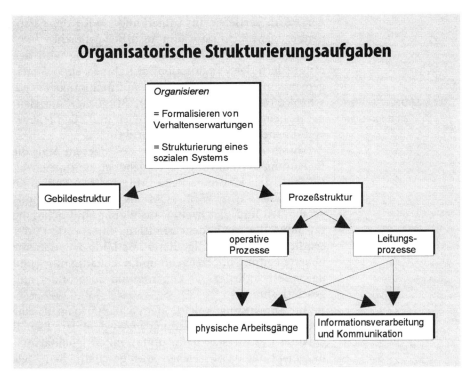

Bild 2.1

2.2 Qualitätsmanagement

2.2.1 Total Quality Management - Grundlagen und Entwicklung

Total Quality Management (TQM) ist eine Managementkonzeption, in deren Kern die Umsetzung des unternehmerischen Qualitätsdenkens steht. Im Rahmen der folgenden Darstellung werden die Bezeichnungen TQM und umfassendes Qualitätsmanagement gleichbedeutend verwendet. Wahlweise wird TQM in der Literatur als Managementkonzept, Führungsmethode, Strategie oder Vision bezeichnet. Die Inhalte von TQM werden in der internationalen Norm DIN EN ISO 8402 definiert und somit zunächst als eine Orientierungshilfe vorgegeben (vgl. DEUTSCHES INSTITUT FÜR NORMUNG (1995)).

Wo TQM definiert wird

Die normative Definition wird durch fünf Anmerkungen ergänzt, von denen vier Aussagen die Inhalte der Norm vertiefen. In Anmerkung 1 wird die personenbezogene Sichtweise zum Ausdruck gebracht.

Durch die starke Mitarbeiterorientierung wird den Mitgliedern der Organisation im Rahmen eines Managementkonzeptes besondere Aufmerksamkeit geschenkt. Der Ausdruck *„alle ihre Mitglieder"* bezeichnet jegliches Personal in allen Stellen und allen Hierarchie-Ebenen der Organisationsstruktur.

<small>Alle Mitarbeiter werden angesprochen</small>

Durch Anmerkung 2 wird in besonderem Maß die Bedeutung der Führung hervorgehoben und gleichzeitig auf die kontinuierliche Mitarbeiterqualifikation hingewiesen. Hier wird TQM als Führungsmethode verstanden und gleichzeitig Ausbildung und Schulung im Sinne der Methodenvermittlung interpretiert. Wesentlich für den Erfolg dieser Methode ist, daß die oberste Leitung überzeugend und nachhaltig führt und daß alle Mitglieder der Organisation ausgebildet und geschult sind.

In Anmerkung 3 wird dem Qualitätsbegriff eine neue, weitreichende Bedeutung zugeordnet. Der Begriff Qualität bezieht sich beim umfassenden Qualitätsmanagement auf das Erreichen aller geschäftlichen Ziele der Organisation. Auf der Grundlage dieser Definitionsanmerkung werden alle Ziele der Organisation berücksichtigt und somit der Bogen zu den umweltrelevanten Zielen gespannt.

<small>Umweltrelevante Ziele werden einbezogen</small>

Erstmalig wirkt ein betriebliches Managementkonzept über die Unternehmensgrenzen hinaus. Der Begriff *„Nutzen für die Gesellschaft"* bedeutet Erfüllung der an die Organisation gestellten Forderungen der Gesellschaft. Hier besteht eine eindeutige Beziehung zwischen der Auslegung der 4. Anmerkung der Definition und den Forderungen der Gesellschaft gegenüber der Organisation bezüglich des betrieblichen Umweltschutzes. Die Organisation des betrieblichen Umweltschutzes wird vor allem durch gesetzliche Vorgaben zu einer konkreten Forderung der Gesellschaft an das Unternehmen.

Die 5. Anmerkung bezieht sich auf weitere Bezeichnungen des umfassenden Qualitätsmanagements, wie Total Quality Control (TQC) oder Company Wide Quality Control (CWQC).

In Bild 2.2 sind die Elemente von TQM dargestellt. Diese bilden das Fundament zur Entwicklung des betriebsspezifischen Qualitätsmanagementsystems.

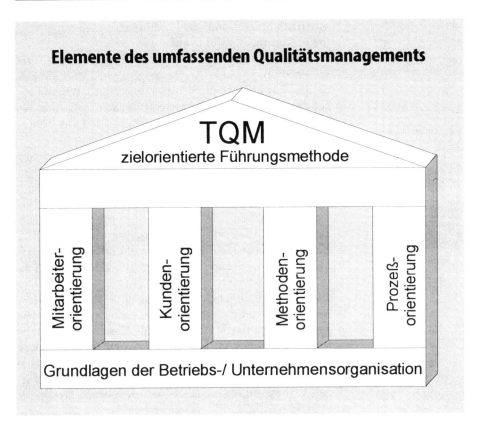

Bild 2.2

Neben den aufgeführten typischen Merkmalen von TQM wie der Kundenorientierung, Mitarbeiterorientierung und Methodenorientierung gewinnt immer mehr die Prozeßorientierung an Bedeutung. Angestrebt werden sicherere und in sich stabile Prozesse zur Erreichung der vereinbarten Ziele. Prozesse werden dann als fähig und beherrscht bezeichnet, wenn diese eindeutig definiert sind, systematische Fehler ausgeschlossen werden können und zufällige Fehler keine Auswirkung auf das Ergebnis haben oder die Zielerreichung nicht in Frage stellen. Bezogen auf die praktische Auswirkung bedeutet dies, daß der Kunde von möglichen Auswirkungen von Fehlern an einem Produkt oder einer Dienstleistung nichts spürt und auch nicht betroffen ist.

Die Basis von TQM

Das Ziel der Prozeßsicherheit ist dann erreicht, wenn der Prozeß unter diesen Voraussetzungen wirt-

Verschwendung vermeiden

Der Kern von TQM

Verbesserungspotentiale nutzen

schaftlich abläuft und die durch den Kunden aufgestellten Forderungen erfüllt sind.

Die Wirtschaftlichkeit wird erzielt, wenn Verschwendung jeglicher Art vermieden wird und am Ende der Prozeßkette nicht mit aufwendigen Nachbesserungsmaßnahmen das erreicht werden soll, was im Prozeß nicht erreicht werden konnte - den Anforderungen entsprechende Produkte und Dienstleistungen.

Der mit der Norm DIN EN ISO 8402 aus dem Jahr 1994 hervorgehobene umfassende Charakter von TQM wird verdeutlicht, wenn die einzelnen Teilaspekte des Begriffs TQM näher betrachtet werden. Total bezeichnet das ganzheitliche Denken im TQM. Dies bezieht sich auf die Ausrichtung bzw. Orientierung, die in Bild 2.2 als Säulen abgebildet sind. Hinzu kommen bereichs- und funktionsübergreifende Aspekte, die inbesondere in der Prozeßorientierung zum Ausdruck kommen. Der Teilaspekt Qualität bringt das zugrundeliegende umfassende Verständnis von Qualität zum Ausdruck. Die gesamte Organisation wird auf die Komponente Qualität hin ausgerichtet. Management hebt die besondere Bedeutung des Führungsaspektes hervor. Von den zahlreichen Einflußgrößen kommt dem Prinzip der ständigen Verbesserung eine besondere Bedeutung zu. Dieses Prinzip beruht auf dem japanischen Ansatz des Kaizen. Im Mittelpunkt dieses Ansatzes steht die Botschaft, daß kein Tag ohne irgendeine Verbesserung im Unternehmen vergehen soll. Hierbei liegt die besondere Bedeutung der Verbesserung in kleinen Schritten, im Gegensatz zur Innovation oder Reorganisation. Angesprochen von diesem Prinzip wird jeder Mitarbeiter im Unternehmen, der insbesondere in seinem Arbeitsbereich Ansatzpunkte zur Verbesserung kennt und die Chance zur Verbesserung eigenverantwortlich nutzt.

Die kontinuierliche Qualitätsverbesserung erfordert ein Qualitätsbewußtsein auf allen Ebenen und in allen Bereichen des Unternehmens. Umfassendes qualitätsorientiertes Denken und Handeln wird zu einem festen Bestandteil der Unternehmenskultur, die permanent gefördert und weiterentwickelt wird.

Durch TQM wird der Rahmen zur qualitätsorientierten Unternehmensentwicklung vorgegeben. Für die Umsetzung innerhalb einer Organisation ist jedoch ein vernetztes System von Komponenten, Methoden und Instrumenten des Qualitätsmanagements und der Organisationsentwicklung erforderlich. Qualitätsmanagementsysteme (QM-System) auf der Grundlage der Normen DIN EN ISO 9000ff. und Qualitätstechniken bilden die instrumentale Basis für die Umsetzung des umfassenden Qualitätsmanagements.

Durch die Entwicklung von betriebsspezifischen QM-Systemen soll die Erfüllung der Qualitätsforderung in jedem Prozeßschritt und in allen Bereichen der Organisation gewährleistet werden. QM-Systeme beziehen sich auf das Erreichen der Zielgröße Qualität und sind auch ausschließlich daraufhin ausgerichtet. Die Normen DIN EN ISO 9001 bis 9003 bilden die Grundlage für die Zertifizierung der Qualitätsmanagementsysteme, welche den zertifizierten Unternehmen Qualitätsfähigkeit bescheinigt. Die Normen DIN EN ISO 9000 und 9004 bilden den Rahmen und können als Leitfäden zur Umsetzung der Normenreihe angesehen werden. Sie beschreiben Mindestanforderungen an die Realisierung des unternehmensweiten Qualitätsdenkens.

Qualität in jedem Schritt

Die Umsetzung von QM-Systemen auf normativer Grundlage und die Anwendung von Qualitätstechniken gewährleisten jedoch noch kein umfassendes Qualitätsmanagement. Zur Bewertung des Grades der Umsetzung von TQM können sich Organisationen an den verschiedenen Modellen der Qualitätspreise orientieren. Neben dem amerikanischen Malcolm Baldrige National Quality Award (MBNQA) und dem japanischen Deming-Prize gibt es in Europa den European Quality Award (EQA) und in Deutschland den Ludwig-Erhard-Preis. Der EQA wird einmal jährlich von der europäischen Organisation für Qualität, der European Foundation for Quality Management (EFQM), an das erfolgreichste Unternehmen bei der Verwirklichung des umfassenden Qualitätsmanagements verliehen. Auf der Grundlage dieses TQM-Modells können Unternehmen eine Selbstbewertung durchführen und sich dabei an den vorgegebenen Kriterien orientieren, ohne sich dem Teilnahmeverfahren unterziehen zu müssen. Die einzelnen Kriterien der Selbstbewertung können der offiziellen Broschüre der EFQM mit den Richtlinien für Unternehmen entnommen werden (vgl. EFQM).

Qualitätspreise

Selbstbewertung nach EQA-Kriterienkatalog

Das Modell dient europäischen Unternehmen als Richtschnur zur Beurteilung des Fortschritts auf dem Weg zur Verwirklichung einer TQM-Kultur und hat folgende inhaltliche Schwerpunkte (vgl. Bild 2.3):

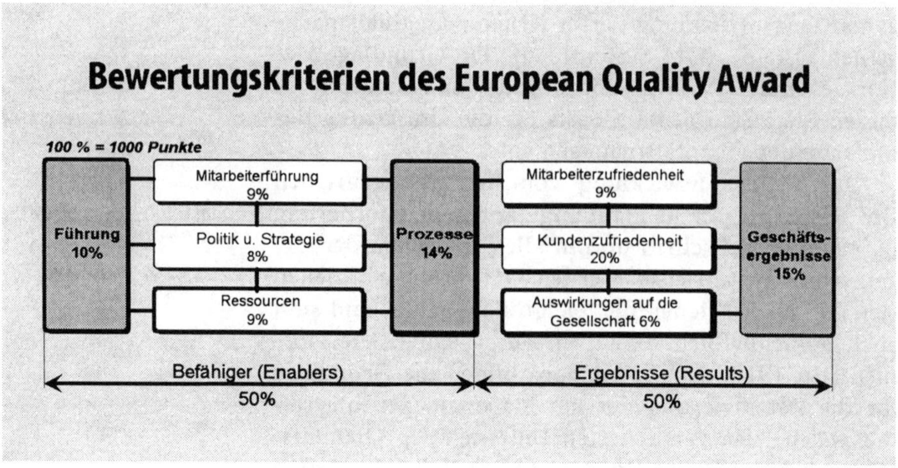

Bewertungskriterien des European Quality Award

100 % = 1000 Punkte

Führung 10%
- Mitarbeiterführung 9%
- Politik u. Strategie 8%
- Ressourcen 9%

Prozesse 14%

- Mitarbeiterzufriedenheit 9%
- Kundenzufriedenheit 20%
- Auswirkungen auf die Gesellschaft 6%

Geschäftsergebnisse 15%

Befähiger (Enablers) 50% — Ergebnisse (Results) 50%

Bild 2.3

„Kundenzufriedenheit, Mitarbeiterzufriedenheit und positive gesellschaftliche Verantwortung werden durch ein Managementkonzept erzielt, welches durch eine spezifische Politik und Strategie, eine geeignete Mitarbeiterorientierung sowie das Management der Ressourcen und Prozesse zu herausragenden Geschäftsprozessen führt" (EFQM).

2.2.2
Ökologische Ausrichtung des Qualitätsmanagements

Vordenker der Qualitätswissenschaft

Über den Systemansatz (z.B. Umweltmanagementsystem) hinaus können die Qualitätssichtweisen der führenden Denker der Qualitätswissenschaft, wie z.B. Deming oder Taguchi, uneingeschränkt auf die Umweltthematik übertragen werden. Mit dem ganzheitlichen Ansatz des Total Quality Management (TQM) steht ein Konzept zur Verfügung, das den hohen Anforderungen des Prinzips des „Nachhaltigen Wirtschaftens" (Sustainable Development) gerecht werden kann, denn es beinhaltet auch eine ökologieorientierte Erweiterung des TQM-Ansatzes zu einem umfassenden Managementsystem. In diesem Sinn kann TQM über Unternehmensgrenzen hinaus als gesellschaftsorientiertes und damit zukunftsweisendes Konzept verstanden und weiterentwickelt werden.

Grundprinzipien von TQM, wie z.B. Dezentralisierung, Selbststeuerung, Personal- und Organisationsentwicklung, Entwicklung von Sach-, Fach- und Sozialkompetenz sowie die Prozeßorientierung unter Zuhilfenahme von Methoden und Techniken zur Kommunikation und zur Stabilisierung von Prozessen, sind dieselben Prinzipien, die zur wirtschaftlichen Organisation des Umweltschutzes notwendig sind.

TQM-Grundprinzipien

Mit den Begriffen Qualität und Ökologie stehen zwei Themenkomplexe im Brennpunkt, die in steigendem Maß im Zusammenhang diskutiert werden. So ist neben der betriebs- und volkswirtschaftlichen Ebene auch eine soziokulturelle Relevanz erkennbar. Qualität, früher in Deutschland eher als selbstverständliche Komponente der industriellen Produktion betrachtet, hat sich zu einem umfassenden Erfolgsfaktor entwickelt. Der Anstoß zu dieser Entwicklung ist auf die zunehmende Globalisierung der Märkte und den Erfolg von Qualitäts- und Unternehmensphilosophien in Japan zurückzuführen.

Ausgelöst durch einen tiefgreifenden Wertewandel in der Gesellschaft, z.B. im Übergang vom quanitativen zum qualitativen Wachstum, gewinnt auch der Begriff Ökologie weiter an Bedeutung. Steigendes Umweltbewußtsein innerhalb der Bevölkerung, zunehmende gesetzliche Auflagen und die Einsicht vieler Unternehmen in die Notwendigkeit einer weitreichenden ökologieorientierten Ausrichtung der Industrie sind die Grundlage zur Entwicklung umweltschutzorientierter Managementkonzeptionen (vgl. WINTER).

Steigende Bedeutung der Ökologie

Sowohl Qualitätsmanagement als auch betrieblicher Umweltschutz haben Organisationsformen in den Unternehmen geprägt und verlangen nach Fachleuten für spezifische Aufgaben. Während die Organisation des Qualitätsmanagements, wie vorab dargestellt, auf die Erfüllung der Kundenwünsche ausgerichtet ist, orientiert sich die des betrieblichen Umweltschutzes an der Erfüllung gesetzlicher Forderungen, der Umsetzung des Beauftragtenwesens und der Vermeidung von sowie dem kontrollierten Umgang mit unerwünschten Nebenprodukten (z.B. durch Filteranlagen, Kläranlage). Um die Synergien zwischen beiden Themengebieten im Sinne einer umfassenden Organisationsentwicklung zu nutzen, bietet das TQM-Führungsmodell aufgrund seines ganzheitlichen Charakters Ansatzpunkte.

2.3 Umweltmanagement

2.3.1 Definition und Struktur

Aus dem allgemeinen und übergeordneten Umwelt- und Naturschutz wird der betriebliche Umweltschutz herausgenommen und im folgenden vertiefend erläutert. Dabei wird der betriebliche Umweltschutz als Sonderfall betrachtet, da alle mit ihm verbundenen Aktivitäten ausschließlich auf das System Unternehmen bezogen werden.

Betrieblicher Umweltschutz bietet die Basis

In der hier vorgenommenen Beschreibung setzt sich der betriebliche Umweltschutz aus zwei Bereichen zusammen. Zum einen ist dies der „klassische" Umweltschutz, der vorwiegend auf der Grundlage rechtlicher Rahmenbedingungen betrieben und umgesetzt wird. Grundlage bilden technische Einrichtungen, mit deren Hilfe bereits entstandenen unerwünschte Nebenprodukte zurückgehalten, gereinigt oder beseitigt werden. Hiervon sind alle medienbezogenen Bereiche wie z.B. Boden,- Luft- und Wasserreinhaltung sowie die Abfall- und Wertstoffbeseitigung betroffen.

Umweltschutz als Management- und Führungsaufgabe

Daneben steht das Umweltmanagement. Im Rahmen des Umweltmanagements wird betrieblicher Umweltschutz als Management- und Führungsaufgabe verstanden. Dabei wird Umweltschutz nicht mehr ausschließlich als Aufgabe von Spezialisten gesehen, die für die Realisierung des technischen Umweltschutzes verantwortlich sind, sondern als Aufgabe, die von jedem im Unternehmen vorgenommen wird und Einzug in die Führungsaufgabe der jeweiligen Vorgesetzen nimmt. Im Vordergrund dieser Sichtweise steht der Managementaspekt der vorsorgenden Planung und der kontinuierlichen Verbesserung aller betrieblichen und insbesondere der umweltrelevanten Leistungen des Unternehmens.

Planung und kontinuierliche Verbesserung sind Aufgaben des Umweltschutzes

Umweltmanagement ist somit eine langfristig geplante, ökologisch ausgerichtete Art der Unternehmensführung, die durch ganzheitliche und vernetzte Betrachtung der Unternehmung, Interdiziplinarität und konsensorientierte Kooperation aktiv und in sozialer Verantwortung an der Minimierung der Umwelteinwirkungen teilnimmt.

Bild 2.4

Das Umweltmanagementsystem bildet den Rahmen und wird auf der Grundlage der Verordnung (EWG) Nr. 1836/93 (entsprechend der englischen Bezeichnung Environmental Management and Auditing Scheme auch kurz als EMAS bezeichnet) als der Teil des gesamten übergreifenden Managementsystems verstanden, der die Organisationsstruktur, Zuständigkeiten, Verhaltensweisen, förmlichen Verfahren, Abläufe und Mittel für die Festlegung und Durchführung der Umweltpolitik einschließt. Die Zusammenhänge sind in Bild 2.4 dargestellt.

Grundzusammenhänge

2.3.2
Unternehmen und Umweltmanagement

Unternehmen sind mit ihrer Produktion und den von ihnen am Markt angebotenen Produkten und Dienstleistungen einer Vielzahl von Ansprüchen unterschiedlicher Gruppen ausgesetzt. Aufgrund des sich in den letzten Jahren vollziehenden Wertewandels im gesell-

Die Ansprüche an Unternehmen steigen

schaftlichen Bewußtsein wird das Kriterium der Umweltverträglichkeit ein immer bedeutenderer Gesichtspunkt bei der Entscheidung der Konsumenten für oder gegen ein Produkt oder eine Dienstleistung. Dies gilt sowohl für den Endverbraucher wie für gewerbliche Kunden, die ihrerseits wieder unter dem Druck ihrer Abnehmer stehen.

Der Staat gibt den Rahmen vor

Daneben setzt der Staat mit seinen umweltpolitischen Instrumenten Rahmenbedingungen im Umweltschutz. Hierzu gehören die Umweltgesetzgebung mit den ordnungsrechtlichen Instrumenten von Ge- und Verboten sowie Auflagen. Im Rahmen dieser Gesetze unterliegen die Unternehmen weitreichenden Organisations-, Dokumentations- und Mitteilungspflichten. Weiterhin zählen zu den umweltpolitischen Instrumenten des Staates ökonomische Druckmittel bzw. Anreizinstrumente wie die Erhebung von Abgaben auf Emissionen oder die Förderung von Investitionen in umweltschonende Technologien im Rahmen verschiedener Förderprogramme. Der Staat nimmt außerdem informell Einfluß durch Appelle oder die Bereitstellung von Umweltinformationen.

Mitarbeiterbezogener Arbeitsschutz ist primärer Umweltschutz

Mitarbeiter eines Betriebes sind am Arbeitsplatz direkt mit Umwelt- und Gesundheitsaspekten der von ihnen verwendeten und hergestellten Produkte konfrontiert. Fortschritte im betrieblichen Umweltschutz laufen in vielen Fällen mit Verbesserungen im Arbeitsschutz zusammen und können so zu einer gesteigerten Arbeitsmotivation führen. Darüber hinaus kann das Thema Umweltschutz auch eine erhebliche Motivations- bzw. Identifikationsmöglichkeit für die Beschäftigten bieten.

2.3.3
Umweltmanagementsysteme

Um ihre Bemühungen in Teilbereichen des Umweltschutzes sinnvoll in ein Gesamtkonzept zu integrieren, führen Unternehmen auf standardisierter Grundlage Umweltmanagementsysteme ein. Dazu gehört die Formulierung einer betrieblichen Umweltpolitik mit Zielen

Umweltschutz wird in alle Abläufe integriert

für den betrieblichen Umweltschutz durch die Unternehmensleitung und die Umsetzung des Themas Umweltschutz als Managementaufgabe. Erst die Wahrnehmung des Umweltschutzes als Managementaufgabe führt zur Einbeziehung der Produktion und schließlich der gesamten Unternehmensabläufe in Umweltschutzbemühungen.

In der Einführung von Umweltmanagementsystemen werden allgemein folgende Vorteile für den Betrieb gesehen:

- Ressourceneinsparungen bei Roh- und Hilfsstoffen durch systematische Optimierung der Stoffströme,
- Verbesserung der Marktposition durch innovative, umweltgerechte Produkte,
- sinkende Haftungsrisiken im Bereich der Produkt- und Anlagenhaftung durch sicheren und gesetzeskonformen Anlagenbetrieb,
- sinkende Prämien bei der Versicherung von Anlagen,
- vereinfachte Kontakte zu Genehmigungsbehörden,
- leichtere Erfüllung von Mitteilungs- und Dokumentationspflichten gegenüber Behörden,
- steigende Mitarbeitermotivation,
- sinkende Kosten für nachgeschaltete Reinigungstechnologien,
- Verbesserung des Unternehmensimage in der Öffentlichkeit.

Vorteile der Einführung eines Umweltmanagementsystems

Teilweise existieren in Unternehmen Strukturen, beispielsweise über die Betriebsbeauftragten für Abfall/Wasser/Immissionsschutz, die bei der Errichtung eines Umweltmanagementsystems einbezogen werden können. Vielfach haben sich diese Strukturen in der Praxis bewährt und die zuständigen Mitarbeiter verfügen über erhebliches Fachwissen. Es ist daher ungünstig, ein Managementsystem ohne Rücksicht auf die bestehenden Strukturen einzuführen. Da die Einführung eines Umweltmanagementsystemes mit der Entwicklung aller Unternehmensbereiche und aller Beteiligten verbunden ist, besteht die Gefahr, einige Mitarbeiter zu demotivieren, wenn sie von der Einführung „überrumpelt" werden und keine Beteiligungsmöglichkeiten haben. Es kommt darauf an, alle Beteiligten frühzeitig in den Prozeß des Aufbaus eines Umweltmanagementsystemes mit einzubinden.

Betriebsbeauftragte einbinden

In den beiden folgenden Kapiteln werden die Inhalte der Verordnung und der DIN EN ISO 14001 kurz erläutert und interpretiert. Beide Modelle bilden die strukturelle Grundlage für die Entwicklung des spezifischen Umweltmanagementsystems in dem Praxisprojekt. Hier

Verordnung und Norm bilden die Basis

werden die Anforderungen und Bedingungen aufgeführt, die später bei der Entwicklung des Umweltmanagementsystems in der Praxis bis zur Zertifizierungsreife erfüllt sein müssen. So werden beispielsweise die 11 Punkte der „Guten Managementpraktiken", auf deren Grundlage die Umweltpolitik des ausgewählten Unternehmens formuliert wurde, aufgezeigt.

2.3.4
Umweltmanagementsystem nach Verordnung (EWG) Nr. 1836/93

So wird die Verordnung auch noch genannt

Impulse für die Einführung von Umweltmanagementsystemen gibt die Verordnung (EWG) Nr. 1836/93 über die freiwillige Beteiligung gewerblicher Unternehmen an einem Gemeinschaftssystem für das Umweltmanagement und die Umweltbetriebsprüfung. Als offizieller Begriff auf europäischer Ebene hat sich die englische Bezeichnung Environmental Management and Auditing Scheme (EMAS) durchgesetzt. Das EMAS wird auch als EG-Öko-Audit-Verordnung bezeichnet.

Unmittelbare Geltung

Politische Voraussetzungen

Das EMAS wurde vom Ministerrat der Europäischen Union am 29. Juni 1993 beschlossen und trat am 13. Juli 1993 in Kraft. Als Verordnung gilt es unmittelbar in jedem Mitgliedsland der Europäischen Union. Es ist mit einer Übergangsfrist von 21 Monaten nach Veröffentlichung (Artikel 21) am 13.4.95 in allen Staaten der Europäischen Union in Kraft getreten. Von diesem Zeitpunkt an muß Unternehmen die Möglichkeit gegeben werden, am Verfahren der Umweltbetriebsprüfung teilzunehmen und den Unternehmensstandort bei den zuständigen Stellen registrieren zu lassen.

Umweltauditgesetz

Rechtliche Voraussetzungen

Die Voraussetzungen zur praktischen Durchführung des EMAS auf nationaler Ebene werden in der Bundesrepublik mit dem Umweltauditgesetz (UAG) geschaffen, das im September 1995 von Bundestag und Bundesrat beschlossen wurde. Das Gesetz regelt insbesondere die Zulassung der Umweltgutachter, Anforderungen an ihre Qualifikation und das Verfahren der Standorteintragung (vgl. DEUTSCHER BUNDESTAG).

Leitbild der nachhaltigen Entwicklung

Der einleitende Teil nimmt Bezug auf das Leitbild der nachhaltigen Entwicklung, wie es auch im 5. Umweltaktionsprogramm *„Für eine dauerhafte und umweltgerechte Entwicklung"* (Entschließung des EU-Rates vom 1.2.1993) formuliert ist. In diesem Zusammenhang wird auf die besondere Verantwortung der Unternehmen für den Schutz der Umwelt hingewiesen (vgl. RAT DER EUROPÄISCHEN GEMEINSCHAFTEN (1993)).

Eigenverantwortung der Unternehmen

Die Eigenverantwortung der Unternehmen für die Bewältigung der Umweltfolgen ihrer Tätigkeiten wird im EMAS betont. Die Wahrnehmung der Eigenverantwortung verlangt von den Unternehmen die Einführung von Umweltmanagementsystemen. Diese umfassen die Festlegung und Umsetzung einer betrieblichen Umweltpolitik, von Umweltzielen und -programmen.

Eigenverantwortung steht im Vordergrund

Geltungsbereich: Gewerbliche Unternehmen

Das EMAS gilt zunächst nur für den gewerblichen Bereich. Die Definition der angesprochenen gewerblichen Unternehmen richtet sich nach der statistischen Systematik der Wirtschaftszweige (vgl. RAT DER EUROPÄISCHEN GEMEINSCHAFTEN (1990), Anhang C und D).

Der Geltungsbereich des EMAS wird mittelfristig auch auf nicht gewerbliche Bereiche ausgedehnt. Artikel 14 erlaubt den Mitgliedsstaaten der EU die versuchsweise Ausdehnung auf Handels- und Dienstleistungsunternehmen. Das bundesdeutsche Umweltauditgesetz sieht diese Erweiterung ausdrücklich vor (vgl. DEUTSCHER BUNDESTAG).

Geltungsbereich des EMAS

Standortbezug

Das System zur Umweltbetriebsprüfung ist standortbezogen. Unternehmen mit mehreren Produktionsstandorten müssen jeden Standort separat prüfen lassen, wenn sie sich als Einheit an dem Verfahren der Umweltbetriebsprüfung beteiligen wollen. Eine Prüfung nur für einen Standort ist ebenfalls möglich.

Bezug zu Normen

Um Doppelarbeiten der Unternehmen zu vermeiden, wird im Rahmen des EMAS vorgesehen, nationale und internationale Normen zu Umweltmanagementsyste-

Normen werden einbezogen

men heranzuziehen. Die Verordnung hat daher starken Einfluß auf die Erarbeitung der Normenserie DIN EN ISO 14000 ff. zu Umweltmanagementsystemen, insbesondere der DIN EN ISO 14001, ausgeübt. Diese orientiert sich bezüglich der Anforderungen an die Umweltbetriebsprüfung an der DIN ISO 10011 (Leitfaden für das Audit von Qualitätssicherungssystemen - Auditdurchführungen), wobei der Begriff Qualität jeweils durch Umwelt ersetzt wird.

Ziele des EMAS

Das EMAS hat zum Ziel, die kontinuierliche Verbesserung des betrieblichen Umweltschutzes zu erreichen durch:

Ziele der Verordnung

- „Festlegung und Umsetzung standortbezogener Umweltpolitik, -programme und -managementsysteme durch die Unternehmen,
- systematische, objektive und regelmäßige Bewertung der Leistung dieser Instrumente,
- Bereitstellung von Informationen über den betrieblichen Umweltschutz für die Öffentlichkeit".

Im Gegensatz zu den bisher dominierenden Ge- und Verboten im Umweltrecht ist das EMAS ein „Instrument", das die Unternehmen motivieren soll, eigenverantwortlich vorsorgenden Umweltschutz zu betreiben. Die Eigenverantwortung entbindet die Unternehmen nicht von der Einhaltung bestehender Vorschriften des Umweltrechts. Die Verpflichtung zur Einhaltung bestehender Umweltvorschriften wird ausdrücklich als Basis genannt. Die Unternehmen können und sollen jedoch bei der Entwicklung und Formulierung eigener Umweltziele darüber hinausgehen.

Ausgangspunkt ist die Eigenverantwortung

Ablauf nach EMAS

Der Ablauf des Systems zur Umweltbetriebsprüfung ist in Bild 2.5 dargestellt.

Die zentralen Elemente des EMAS sind:

- Betriebliche Umweltpolitik und -ziele,
- Umweltprüfung,
- Umweltprogramm und Umweltmanagementsystem,
- Umweltbetriebsprüfung,
- Umwelterklärung.

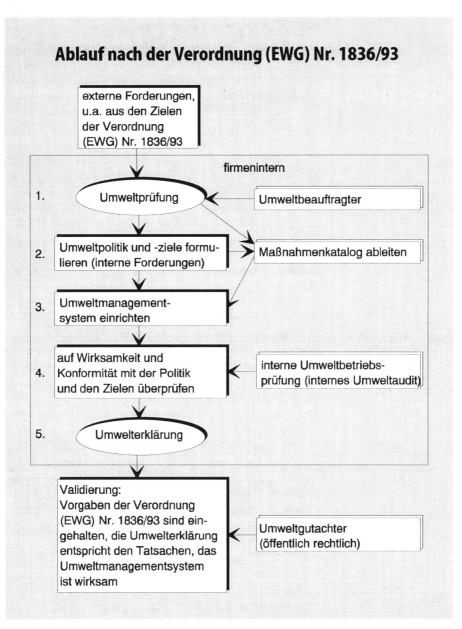

Bild 2.5

Betriebliche Umweltpolitik und -ziele

Die Umweltpolitik gibt den Rahmen vor

Die Umweltpolitik wird von der Unternehmensleitung festgelegt. In ihr verpflichtet sich das Unternehmen, die Umwelteinwirkungen seiner Produktion und seiner Produkte soweit zu verringern, *„wie es sich mit der wirtschaftlich vertretbaren Anwendung der besten verfügbaren Technik erreichen läßt"* (RAT DER EUROPÄISCHEN GEMEINSCHAFTEN (1993), Art. 3a). Dieser Begriff ist etwas schwächer als der deutsche *„Stand der Technik"*, da letzterer auch den Entwicklungsstand der Technik und nicht erst ihre Verfügbarkeit mit einschließt. Weiterhin beinhaltet er keine Eingrenzung bezüglich der wirtschaftlichen Vertretbarkeit. Da die Unternehmen im EMAS auch auf die Einhaltung der einschlägigen Umweltvorschriften verpflichtet werden, bleiben weitergehende nationale Regelungen verbindlich.

Ziele sollen stetige Verbesserung beinhalten

Im Rahmen der Umweltpolitik müssen Umweltziele für den Standort festgelegt werden. Diese sind für alle betroffenen Unternehmensebenen aufzustellen und beinhalten eine Verpflichtung zur stetigen Verbesserung des betrieblichen Umweltschutzes. Soweit möglich, sind diese quantitativ zu bestimmen und mit Zeitvorgaben zu versehen. Dies schließt die Festlegung mit ein, wer in welchem Unternehmensbereich für das Erreichen der Ziele verantwortlich ist.

Die Umweltpolitik muß den umfangreichen Anforderungen nach Anhang I EMAS genügen. Von besonderer Bedeutung sind dabei die *„Guten Managementpraktiken"*, auf die im Abschnitt Gute Managementpraktiken eingegangen wird (vgl. RAT DER EUROPÄISCHEN GEMEINSCHAFTEN (1993), Anhang I).

Umweltprüfung

Der erste Schritt: die Umweltprüfung

Die Umweltprüfung ist eine standortbezogene Untersuchung, bei der alle umweltbezogenen Aspekte der Unternehmenstätigkeit betrachtet werden. Der Begriff Umweltprüfung ist zu unterscheiden von der Umweltbetriebsprüfung. Die Umweltprüfung ist die erste Prüfung der umweltrelevanten Prozesse und Gegebenheiten im Unternehmen und dient der Analyse des Ist-Zustandes. Die Umweltbetriebsprüfung ist dagegen eine regelmäßig wiederholte Untersuchung (vgl. RAT DER EUROPÄISCHEN GEMEINSCHAFTEN (1993)), diese bildet die Grundlage des kontinuierlichen Verbesserungsprozesses und wird jährlich und zur Erstellung der Umwelterklärungen alle drei Jahre wiederholt.

Im einzelnen sollen nach Anhang I EMAS, Teil C folgende Aspekte in der Umweltprüfung berücksichtigt werden:

- Beurteilung, Kontrolle und Verringerung der Auswirkungen der betreffenden Tätigkeit auf die verschiedenen Umweltbereiche,
- Energiemanagement, Energieeinsparungen und Auswahl von Energiequellen,
- Bewirtschaftung, Einsparung, Auswahl und Transport von Rohstoffen; Wasserbewirtschaftung und -einsparung,
- Vermeidung, Recycling, Wiederverwendung, Transport und Endlagerung von Abfällen,
- Bewertung, Kontrolle und Verringerung der Lärmbelästigung innerhalb und außerhalb des Standortes,
- Auswahl neuer und Änderungen bei bestehenden Produktionsverfahren,
- Produktplanung (Design, Verpackung, Transport, Verwendung und Endlagerung),
- betrieblicher Umweltschutz und Praktiken bei Auftragnehmern, Unterauftragnehmern und Lieferanten,
- Verhütung und Begrenzung umweltschädigender Unfälle,
- besondere Verfahren bei umweltschädigenden Unfällen,
- Information und Ausbildung des Personals in bezug auf ökologische Fragestellungen,
- externe Information über ökologische Fragestellungen.

Checkliste für die Umweltprüfung

Umweltprogramm und Umweltmanagementsystem

Das Umweltprogramm soll aus den Ergebnissen der ersten Umweltprüfung entwickelt werden. Es enthält u.a. die bereits genannten Ziele, die auf eine kontinuierliche Verbesserung des betrieblichen Umweltschutzes gerichtet sind.

Im Umweltprogramm wird der Weg aufgezeigt

Das Umweltmanagementsystem nach Anhang I EMAS, Teil B hat folgenden Anforderungen zu genügen:

- Umweltpolitik, -ziele und -programme sind regelmäßig von der höchsten Managementebene festzulegen und zu überprüfen,

Checkliste für das Umweltprogramm

- Im Bereich Personal und Organisation muß sichergestellt werden, daß die Beschäftigten über das Umweltmanagementsystem und die Umweltpolitik informiert sind. Für Beschäftigte, deren Tätigkeit bedeutende Auswirkungen auf die Umwelt haben kann, müssen Schulungen in Angelegenheiten des betrieblichen Umweltschutzes stattfinden,
- Auf Managementebene muß ein Vertreter mit Befugnissen und Verantwortung für die Anwendung und Aufrechterhaltung des Managementsystems bestellt werden,
- Die Auswirkungen auf die Umwelt in Form von Emissionen und Abfällen sind zu beurteilen und in einem Verzeichnis zu registrieren,
- Es ist ein Verzeichnis von Rechts- und Verwaltungsvorschriften und sonstigen umweltpolitischen Anforderungen zu erstellen.

Der organisatorische Rahmen

Im Rahmen der Aufbau- und Ablaufkontrolle wird die Festlegung von Aufbau- und Ablaufverfahren für umweltrelevante Tätigkeiten gefordert. Dies umfaßt die Erstellung von Verfahrensanweisungen für entsprechende Arbeitsabläufe. Hinzu kommt die Kontrolle, ob die Anforderungen des Umweltmanagementsystems eingehalten werden. Im Falle der Nichteinhaltung der Anforderungen sind die Ursachen dafür zu untersuchen und Korrekturmaßnahmen einzuleiten.

Es ist eine Umweltmanagement-Dokumentation zu erstellen. Diese soll eine umfassende Darstellung von Umweltpolitik, -zielen und -programmen beinhalten. Weiterhin müssen die Schlüsselfunktionen und -verantwortlichkeiten sowie die Wechselwirkungen zwischen den Systemelementen beschrieben werden.

Es sind Umweltbetriebsprüfungen durchzuführen. Dabei wird untersucht, ob die Umweltmanagementtätigkeiten zur Umsetzung des Umweltprogramms geeignet sind. Außerdem ist es Ziel der Prüfungen, die Wirksamkeit des Umweltmanagementsystems zu ermitteln.

Gute Managementpraktiken

Die wesentlichen Handlungsgrundsätze, an denen sich die betriebliche Umweltpolitik orientieren soll, sind im Anhang I, Teil D des EMAS formuliert. Sie können als Meßlatte für ein Umweltmanagementsystem angesehen werden. Unter Guten Managementpraktiken wird im EMAS folgendes definiert:

- Förderung des Verantwortungsbewußtseins für die Umwelt bei allen Mitarbeitern,
- Beurteilung der Umweltauswirkungen neuer Tätigkeiten, Produkte und Verfahren im voraus,
- Beurteilung und Überwachung aller Auswirkungen der gegenwärtigen Tätigkeiten auf die Umwelt,
- Ergreifen von Maßnahmen zur Vermeidung bzw. Verringerung negativer Umwelteinwirkungen,
- Vermeidung unfallbedingter Emissionen von Stoffen und Energie,
- Festlegung und Umsetzung von Verfahren zur Kontrolle der Übereinstimmung mit der Umweltpolitik,
- Festlegung von Verfahren und Maßnahmen für den Fall der Nichteinhaltung von Umweltpolitik oder -zielen,
- Erarbeitung von Verfahren, um etwaige unfallbedingte Umwelteinwirkungen so gering wie möglich zu halten,
- Information der Öffentlichkeit über die Umwelteinwirkungen des Unternehmens und Führung eines offenen Dialoges mit der Öffentlichkeit,
- Beratung der Kunden über die Umweltaspekte der Produkte,
- Gewährleistung der Anwendung der gleichen Umweltnormen durch auf dem Betriebsgelände arbeitende Vertragspartner des Unternehmens.

Checkliste der Guten Managementpraktiken

Umweltbetriebsprüfung

Die Umweltbetriebsprüfung entspricht in Form und Vorgehensweise einem internen Audit. Dabei werden das Umweltmanagementsystem, die Umweltpolitik, -ziele und -programme auf ihre Wirksamkeit überprüft. Diese Überprüfung hat regelmäßig zu erfolgen und ist zu dokumentieren.

Anhang II des EMAS nennt die wesentlichen Anforderungen an die Umweltbetriebsprüfung:

Die Umweltbetriebsprüfung entspricht dem internen Audit

- Ziele:
  In den Umweltbetriebsprüfungsprogrammen für den Standort werden in schriftlicher Form die Ziele jeder Betriebsprüfung einschließlich der Häufigkeit der Betriebsprüfung für jede Tätigkeit festgelegt. Dazu

Checkliste für die Umweltbetriebsprüfung

gehört in jedem Fall die Bewertung der bestehenden Managementsysteme.
- Prüfungsumfang:
Der Umfang der einzelnen Betriebsprüfungen muß eindeutig festgelegt sein.
- Organisation und Ressourcen:
- Die Umweltbetriebsprüfer müssen über Kenntisse der kontrollierten Unternehmensbereiche, darunter Kenntnisse und Erfahrungen im Umweltmanagement, in der Umwelttechnik und im Umweltrecht verfügen. Sie müssen ausreichend unabhängig von den kontrollierten Tätigkeiten sein, um objektiv und neutral bewerten zu können. Sie werden von der Unternehmensleitung bei der Betriebsprüfung unterstützt.
- Planung und Vorbereitung der Umweltbetriebsprüfung für einen Standort:
Die Beteiligten müssen ihre Aufgaben im Rahmen der Betriebsprüfung kennen und verstehen. Es muß gewährleistet sein, daß geeignete Mittel bereitgestellt sind.
- Betriebsprüfungstätigkeiten:
Die Prüfungstätigkeiten am Standort umfassen u.a. Gespräche mit den Mitarbeitern, die Untersuchung der Betriebsbedingungen, die Prüfung der Archive, der schriftlichen Verfahren und anderer einschlägiger Dokumente im Hinblick auf die Bewertung der Umweltschutzstandards des Standortes. Das EMAS verwendet in diesem Zusammenhang den Begriff „Umweltschutzqualität". Bei dieser Bewertung wird ermittelt, ob der Standort den geltenden Vorschriften entspricht und ob das bestehende Managementsystem zur Bewältigung der umweltorientierten Aufgaben geeignet ist.
- Bericht über die Feststellungen und Schlußfolgerungen der Betriebsprüfung:
Nach jeder Umweltbetriebsprüfung wird von den Betriebprüfern ein schriftlicher Bericht erstellt. Dieser dient der Dokumentation der Prüfungsergebnisse mit dem Ziel, der Unternehmensleitung Informationen über die Qualität des Umweltmangementsystems und die umweltbezogenen Fortschritte am Standort bereitzustellen. Außerdem soll die Notwendigkeit von gegebenenfalls erforderlichen Korrekturmaßnahmen belegt werden.

- Folgemaßnahmen der Umweltbetriebsprüfung:
  Im Anschluß an die Umweltbetriebsprüfung ist die Ausarbeitung und Verwirklichung eines Plans für geeignete Korrekturmaßnahmen vorzusehen.
- Umweltbetriebsprüfungshäufigkeit:
  Je nach Notwendigkeit wird in Abständen von nicht mehr als drei Jahren die Betriebsprüfung wiederholt.

Umwelterklärung

Nach erfolgter Umweltbetriebsprüfung gibt das Unternehmen eine standortbezogene Umwelterklärung ab. Hiermit wird die Öffentlichkeit über die Umweltpolitik und -ziele sowie über die unternehmensinternen Tätigkeiten, die zu deren Erfüllung erfolgt sind, informiert. Die Umwelterklärung wird nach jeder Umweltbetriebsprüfung abgegeben. Sie sollte in knapper, verständlicher Form geschrieben sein.

Der Schritt an die Öffentlichkeit

Prüfung durch unabhängige Umweltgutachter

Nach erfolgter Umweltbetriebsprüfung und Erstellung der Umwelterklärung wird durch einen externen, unabhängigen Umweltgutachter die Übereinstimmung der betrieblichen Umweltpolitik, des Umweltprogramms, des Umweltmanagentsystems, der Umweltprüfung und der Umwelterklärung mit den Vorgaben des EMAS geprüft. Der Umweltgutachter untersucht die Angaben in der Umwelterklärung auf Zuverlässigkeit und Vollständigkeit. Informationen oder Angaben des Unternehmens darf der Umweltgutachter nicht ohne Erlaubnis der Unternehmensleitung Dritten zugänglich machen. Sofern alle Unterlagen die Forderungen des EMAS erfüllen, wird die Umwelterklärung des Unternehmens für gültig erklärt.

Auf diese Punkte achtet der Umweltgutachter

Übermittlung der Umwelterklärung

Der Betrieb übermittelt die für gültig erklärte Umwelterklärung an die „zuständige Stelle" des jeweiligen Mitgliedsstaates. In Deutschland sind dies gemäß den vorgesehenen Regelungen des Umweltauditgesetzes die Industrie- und Handelskammern und die Handwerkskammern als Selbstverwaltungsorgane der gewerblichen Wirtschaft.

Eintragung des Standortes

Die Ergebnisse nach außen tragen

Bei den Industrie- und Handelskammern wird der Standort in ein Verzeichnis eingetragen. Die Standorte des Mitgliedsstaates werden dann von den zuständigen Stellen an die EU-Komission übermittelt und jährlich im Amtsblatt der Europäischen Gemeinschaften veröffentlicht.

Teilnahmeerklärung

Ein Unternehmen kann für seinen eingetragenen Standort eine Teilnahmeerklärung verwenden. Diese Teilnahmeerklärungen sind in Anhang IV des EMAS aufgeführt. Die Teilnahmeerklärung darf jedoch weder in der Produktwerbung verwendet noch auf den Erzeugnissen selbst oder ihrer Verpackung angegeben werden. Es ist möglich, sie z.B. in Umwelterklärungen, Broschüren oder Berichten des Unternehmens, auf dem Briefkopf oder in nicht produktbezogener Werbung zu verwenden.

2.3.5
Umweltmanagementsystem nach DIN EN ISO 14001

Die Internationale Normungsorganisation (International Organisation for Standardisation, ISO) hat im Jahr 1993 eine Arbeitsgruppe, Technical comittee TC 207, eingerichtet, die eine Norm für Umweltmanagementsysteme entwickeln sollte.

Managementsysteme verbinden, die Norm gibt es vor

Unternehmen sollen auf der Grundlage dieser Norm die Möglichkeit erhalten, bereits bestehende Managementsysteme nach der 9000er Serie mit einem Umweltmanagementsystem zu verbinden. Es wird darauf hingewiesen,

> „... daß die Anwendung verschiedener Elemente des Managementsystems aufgrund unterschiedlicher Zwecke und verschiedener interessierter Kreise voneinander abweichen kann. Während sich Qualitätsmanagementsyteme nach den Bedürfnissen der Kunden richten, befassen sich Umweltmanagementsysteme mit den Anliegen einer Vielzahl interessierter Kreise und mit dem wachsenden Bedürfnis der Gesellschaft nach dem Schutz der Umwelt." (DEUTSCHES INSTITUT FÜR NORMUNG (1996), Einleitung).

Struktur der DIN EN ISO 14001

Einen Überblick über den Aufbau der Norm DIN EN ISO 14001 liefert Tabelle 2.1:

Tabelle 2.1. Übersicht über die Norm DIN EN ISO 14001

Gliederungspunkt	Titel	Inhalt
0	Einleitung	Zweck der Einführung von Umweltmanagementsystemen, Abgrenzung zu DIN EN ISO 14001, Verweis auf gemeinsame Grundsätze mit DIN EN ISO 9000ff
1	Anwendungsbereich	Geltung für umweltspezifische Aspekte, die eine Organisation beeinflussen und kontrollieren kann, Anwendung auf Organisationen, die Umweltmanagementsysteme einführen, aufrechterhalten, verbessern und zertifizieren lassen wollen
2	Verweisungen	Verweis auf DIN EN ISO 9000er Serie und auf DIN EN ISO 14001 sowie ISO 14011-1
3	Definitionen	Definition von Umwelt, Umweltaspekte, Umweltmanagement, Umweltpolitik
4	Umweltmanagementsystem	Planung, Organisation und Durchführung von Umweltmanagementsystemen, Korrektur- und Überwachungsmaßnahmen, Überprüfung durch die oberste Leitung
Anhang A4	Anleitung für den Gebrauch der Spezifikation - Umweltmanagementsysteme	Informativer Anhang zur Erklärung der Kernelemente der in Punkt 4 beschriebenen Umweltmanagementsysteme

Den Kern der DIN EN ISO 14001 bildet Punkt 4, hier werden die wesentlichen Elemente eines zertifizierbaren Umweltmanagementsystems genannt. Diese decken sich weitgehend mit den Elementen, die an unterschiedlichen Stellen im EMAS aufgeführt sind.

Analog zur DIN EN ISO 9001 wird bei den zentralen Bestandteilen eines Umweltmanagementsystems nach DIN EN ISO 14001 auch von Umweltmanagementsystem-Elementen gesprochen. Zu diesen Elementen gehören die

- Umweltpolitik,
- Planung,
- Durchführung,
- Überwachung und Korrekturmaßnahmen,
- Überprüfung durch die oberste Leitung.

Komponenten des Umweltmanagements

Diese Punkte werden im folgenden kurz dargestellt.

Umweltpolitik

Die Leitung ist für die Festlegung der Umweltpolitik des Unternehmens verantwortlich und muß sicherstellen, daß diese folgenden Kriterien erfüllt:

Checkliste zur Umweltpolitik

- Art, Umfang und Umweltauswirkungen der Tätigkeiten, Produkte oder Dienstleistungen des Unternehmens,
- Die Umweltpolitik umfaßt die Verpflichtung zur kontinuierlichen Verbesserung des betrieblichen Umweltschutzes und zur Vermeidung von Emissionen,
- Verpflichtung zur Einhaltung der relevanten Umweltgesetze und Verordnungen,
- Die Umweltpolitik bildet den Rahmen für die Festlegung und Überprüfung von umweltspezifischen Zielsetzungen,
- Sie muß dokumentiert, eingeführt und aufrechterhalten sowie allen Mitarbeitern bekanntgegeben werden,
- Die Umweltpolitik muß der Öffentlichkeit, z.B. im Rahmen einer Umwelterklärung, zugänglich sein.

Damit entspricht dieser Teil der Norm im wesentlichen den Anforderungen des EMAS, wie sie im Anhang I, Teil D „Gute Managementpraktiken" genannt sind (vgl. RAT DER EUROPÄISCHEN GEMEINSCHAFTEN (1993), Anhang I, Teil D).

Planung

Das Element der Planung umfaßt mehrere Bereiche:

Grundlagen für die Maßnahmenplanung

- Umweltspezifische Aspekte,
- Rechtliche und andere Anforderungen,
- Zielsetzungen und Ziele,
- Umweltmanagementprogramme.

Umweltspezifische Aspekte

Dieser Punkt beinhaltet die Beschaffung, Verarbeitung und Pflege von umweltrelevanten Informationen. Das Unternehmen wird verpflichtet, ein Verfahren einzuführen, das die Feststellung umweltrelevanter Auswirkungen der Unternehmenstätigkeit (auch der Produkte) erlaubt. Im nächsten Schritt schließt sich die Ermittlung der Gesichtspunkte an, die „erhebliche Einwirkungen" auf die Umwelt haben oder haben können. Mittel dazu sind Umwelt- und Qualitätsmanagementtechniken.

Rechtliche und andere Anforderungen
Hierzu gehört eine Aufstellung der für das Unternehmen geltenden Umweltgesetze, Verordnungen und Anweisungen.

Zielsetzungen und Ziele
Unter diesen Punkt fällt die Festlegung von Zielen für alle umweltbezogenen Geschäftsbereiche. Langfristige Ziele sollten konkret formuliert werden, kurzfristige Ziele meßbar sein. Die Ziele müssen im Einklang mit der formulierten Umweltpolitik des Unternehmens stehen und sich weitgehend am Vorsorgegedanken, d.h. an der Vermeidung von Umweltschäden orientieren.

Ziele als Basis für Verbesserungen

Umweltmanagementprogramm(e)
Umweltmanagementprogramme erfüllen den Zweck, die Verwirklichung der formulierten Umweltziele sicherzustellen. Sie enthalten konkrete Zeitpläne zur Zielerreichung und benennen Verantwortliche für die Umsetzung. Sie werden derart formuliert, daß sie auch für Projekte anwendbar sind, die in Verbindung mit neuen Entwicklungen, Tätigkeiten, Produkten oder Dienstleistungen durchgeführt werden.

Durchführung
Unter das Element Durchführung fallen die Bereiche:

- Organisationsstruktur und Verantwortlichkeiten,
- Schulung, Bewußtseinsbildung und Kompetenz,
- Kommunikation,
- Dokumentation des Umweltmanagementsystems,
- Handhabung der Dokumente,
- Ablaufkontrolle,
- Notfallvorsorge und Maßnahmenplanung.

Bei der Durchführung zu beachten

Organisationsstruktur und Verantwortlichkeiten
Neben der Festlegung von Verantwortlichkeiten, Aufgaben und Befugnissen wird in diesem Punkt geregelt, daß die oberste Leitung die erforderliche materielle und personelle Ausstattung für die Umsetzung des Umweltmanagementsystems zur Verfügung stellt. Sie muß zur Gewährleistung der Einführung, Umsetzung und Aufrechterhaltung des Umweltmanagementsystems

Umweltrelevante Aufbauorganisation schaffen

sowie zur Berichterstattung an die Leitung entsprechende Beauftragte des Managements bestellen.

Schulung, Bewußtseinsbildung und Kompetenz
Dieser Punkt verpflichtet das Unternehmen zur Schulung aller Mitarbeiter, deren Tätigkeiten Auswirkungen auf die Umwelt haben. Insbesondere werden den betroffenen Beschäftigten im Rahmen der Schulungen ihre Einflußmöglichkeiten auf eine Verbesserung der Umweltsituation verdeutlicht sowie ihnen Aufgaben im Rahmen des Umweltmanagementsystems aufgezeigt.

Kommunikation

Kommunikation nach innen und außen organisieren

Hier werden Anforderungen an die interne und externe Kommunikation festgelegt. Beispielsweise muß die unternehmensinterne Kommunikation zwischen verschiedenen Ebenen und Funktionen sichergestellt sein. Darüberhinaus bezieht die externe Kommunikation die Beantwortung von externen Anfragen zum Umweltmanagementsystem oder zur Umweltrelevanz der Produkte mit ein. Unter diesen Punkt fällt auch die Verpflichtung zur Umweltberichterstattung.

Dokumentation des Umweltmanagementsystems
Im Rahmen der Dokumentation des Umweltmanagementsystems werden die Systemelemente und ihre Wechselwirkungen aufgeführt. Weiterhin wird dargelegt, wo Informationen zur Durchführung einzelner Elemente zu finden sind.

Umweltmanagement-Handbuch
Für die zentralen Elemente wird die Dokumentation in Form eines Umweltmanagement-Handbuchs vorgenommen. Das Handbuch ist einer der zentralen Bestandteile im Dokumentationssystem.

Das Handbuch steht im Mittelpunkt der Dokumentation

Die weiteren Unterlagen zur Realisierung einzelner Elemente müssen nicht in Form gesonderter Handbücher vorliegen, sie können auch in andere Dokumentationssysteme im Unternehmen integriert werden. Dies können z.B. gesonderte Verfahrens- oder Anlageninformationen, Organisationspläne oder interne Normen und Betriebsanweisungen sein. Bei der Entwicklung von Umwelt- und Qualitätsmanagementsystemen und deren Dokumentation sollten Analogien und Synergien herausgestellt werden. Dies ist z.B. in Form von Verweisen zwischen den einzelnen Handbüchern sinnvoll. Um

Doppelarbeiten zu vermeiden, ist zwischen beiden Bereichen ein hohes Maß an Abstimmung erforderlich.

Handhabung der Dokumente

Der Punkt „Handhabung der Dokumente" regelt die Zuordnung, Überprüfung, Aktualisierung bestehender und die Entfernung überholter Dokumente. Im Anhang der Norm DIN EN ISO 14001 wird herausgestellt, daß eine Dokumentation zwar von großer Bedeutung sei, *„das Hauptaugenmerk der Organisation (...) jedoch auf einer wirkungsvollen Umsetzung des Umweltmanagementsystems sowie der Umweltleistung liegen sollte und nicht auf einem aufwendigen Dokumentenlenkungssystem"*. Bezüglich der formalen Vorschriften kann sich ein Unternehmen an vereinfachten Regelungen aus der DIN EN ISO 9001 orientieren (vgl. DEUTSCHE GESELLSCHAFT FÜR QUALITÄT). Dahinter darf allerdings nicht die Verpflichtung zur „Verbesserung der Umweltleistung", d.h. zur Vermeidung neuer Umweltbelastungen sowie zur Reduktion bestehender Emissionen aus Verfahren und Produkten vernachlässigt werden (vgl. DEUTSCHES INSTITUT FÜR NORMUNG (1996), Anhang A, Abschnitt 4.3.5).

Dokumente lenken

Ablaufkontrolle

Mit der Ablaufkontrolle soll die Sicherstellung umweltschonender Verfahrensprozesse (Produktionsprozesse) erreicht werden. Dazu sind entsprechende Verfahrensanweisungen für umweltrelevante Arbeitsvorgänge und Tätigkeiten zu erstellen und zu dokumentieren.

Die Ablaufkontrolle bezieht die Mitteilung bestimmter Anforderungen an Zulieferer und Auftragnehmer mit ein. Dazu gehört die Verpflichtung der Lieferanten auf die Einhaltung von Umweltkriterien.

Tätigkeiten in Verfahrensanweisungen beschreiben

Notfallvorsorge und Maßnahmenplanung

Die Notfallvorsorge und Maßnahmenplanung verpflichtet das Unternehmen zur Einführung und Aufrechterhaltung von Verfahren, um Unfallmöglichkeiten zu ermitteln und bei Eintritt von Notfallsituationen oder Unfällen die Folgeschäden zu minimieren.

Bei Abweichungen vom Routinebetrieb

Überwachung und Korrekturmaßnahmen

Hinter dem Elementtitel „Überwachung und Korrekturmaßnahmen" stehen die Punkte Überwachung und Messung, Abweichungen, Korrektur und Vorsorgemaßnahmen, Aufzeichnungen und Protokolle und das Umweltmanagementsystem-Audit.

Überwachung und Messung
Der Unterpunkt „Überwachung und Messung" faßt die Anforderungen an Messungen und Aufzeichnungen von Meßergebnissen, wie sie auch in den einschlägigen Umweltgesetzen enthalten sind, zusammen.

Abweichungen, Korrektur und Vorsorgemaßnahmen

Korrekturen bei Abweichungen

Sofern Abweichungen von regulären Verfahrensabläufen oder Produktionsprozessen eintreten, die zu Umwelteinwirkungen führen oder führen können, sind daraufhin vom Unternehmen Maßnahmen zur Korrektur dieser Störungen zu treffen.

Aufzeichnungen und Protokolle

Den roten Faden durch die Dokumente sicherstellen

Dieser für die Dokumentation wichtige Punkt fordert die Einführung von Verfahren zur Kennzeichnung, Pflege und Beseitigung von umweltspezifischen Aufzeichnungen. Diese Aufzeichnungen müssen lesbar, bestimmten Tätigkeiten oder Produkten und Dienstleistungen zuzuordnen sein und für die Dauer festgelegter Aufbewahrungsfristen aufbewahrt werden.

Umweltmanagementsystem-Audit
Mit den Umweltmanagementsystem-Audits wird, wie auch bei den Qualitätsmanagementsystem-Audits die Funktionsfähigkeit des entsprechenden Managementsystems überprüft. Im Gegensatz zur Verordnung (EWG) Nr. 1836/93, in der konkrete Fristen für die Umweltbetriebsprüfungen vorgesehen sind, legt dies die DIN EN ISO 14001 nicht fest, sondern fordert lediglich „regelmäßige" Audits (vgl. DEUTSCHES INSTITUT FÜR NORMUNG (1996)).

Überprüfung durch die Leitung

Führungsinstrument der Leitung

Im abschließenden Element wird beschrieben, daß die Leitung in von ihr festzulegenden Abständen das gesamte Umweltmanagementsystem überprüft und bewertet. Damit wird sichergestellt, daß das Umweltmanagementsystem geeignet, angemessen und effektiv ist. Auditergebnisse, der Erfüllungsgrad von Zielen aus dem Umweltprogramm und weitere externe Informationen werden in die Überprüfung mit einbezogen. Sofern es nötig ist, müssen auf Grundlage der Überprüfung einzelne Elemente des Umweltmanagementsystems modifiziert oder geändert werden. Die Ergebnisse der Überprüfung wiederum sind im Hinblick auf erforderliche Maßnahmen zu dokumentieren.

2.3.6
Umweltberichte und Umwelterklärungen

Umweltberichte

Umweltberichte nehmen in der Darstellung eines Unternehmens gegenüber der Öffentlichkeit einen wichtigen Platz ein. Der Grund dafür ist, daß mit zunehmenden Informationsansprüchen der Öffentlichkeit bezüglich der Umweltauswirkungen von Produktion und Produkten die Transparenz der Unternehmen immer bedeutsamer für ihre Glaubwürdigkeit wird.

Informationsbedarf in der Öffentlichkeit

Seit Ende der 80er Jahre erste Unternehmen Umweltberichte über umweltrelevante Unternehmensaktivitäten veröffentlicht haben, ist die Zahl der Betriebe, die regelmäßig Umweltberichte, Öko-Controlling-Berichte oder Ökobilanzen veröffentlichen, nach Angaben des Umweltbundesamtes auf etwa 250 gestiegen (vgl. UMWELTBUNDESAMT). Dazu gehören sowohl Produktionsunternehmen unterschiedlicher Branchen, von der chemischen Industrie über Haushaltsgerätehersteller bis hin zu Brauereien wie auch Handels- und Dienstleistungsunternehmen. Mit der Umsetzung der Verordnung (EWG) Nr. 1836/93 wird erwartet, daß diese Zahl bis zum Jahr 2000 auf mehrere tausend allein in Deutschland ansteigen wird (vgl. CLAUSEN; FICHTER, S.2).

Bericht oder Erklärung

Motivation für diese freiwilligen Berichte ist einerseits eine Reaktion auf den gestiegenen Informationsbedarf der Öffentlichkeit, andererseits der Wille, Fortschritte im betrieblichen Umweltschutz darzustellen und am Markt durch eine Imageverbesserung zu nutzen. Umweltberichte und Umwelterklärungen werden nicht mehr als „lästiges Übel" angesehen, sondern als Kommunikationsinstrument und unverzichtbarer Bestandteil eines Umweltmanagementsystems. Betriebe, die sich an der Umweltbetriebsprüfung gemäß EMAS beteiligen wollen, müssen zukünftig standortbezogene Umwelterklärungen veröffentlichen.

Die Umwelterklärung für den Imagegewinn einsetzen

Umwelterklärung nach Verordnung (EWG) Nr. 1836/93, EMAS

Nach EMAS ist die Erklärung Pflicht

Die Umwelterklärung ist nach dem EMAS ein zentraler Bestandteil des Systems zur Umweltbetriebsprüfung. Bereits in der Präambel wird darauf hingewiesen, daß die Unterrichtung der Öffentlichkeit über die Umweltaspekte von unternehmerischen Tätigkeiten einen wesentlichen Bestandteil guten Umweltmanagements darstellt. Unternehmen werden ermutigt,

> „... regelmäßig Umwelterklärungen zu erstellen und zu verbreiten, aus denen die Öffentlichkeit entnehmen kann, welche Umweltfaktoren an den Betriebsstandorten gegeben sind und wie die Umweltpolitik, -programme und -ziele sowie das Umweltmanagement der Unternehmen aussehen" (RAT DER EUROPÄISCHEN GEMEINSCHAFTEN (1993), Präambel).

Zu einer kontinuierlichen Verbesserung des betrieblichen Umweltschutzes im Rahmen eines Umweltmanagementsystems, gehört nach Artikel 1 (2) die *„Bereitstellung von Informationen über den betrieblichen Umweltschutz für die Öffentlichkeit".* Das Mittel dazu sind die von unabhängigen Umweltgutachtern gültig zu erklärenden Umwelterklärungen eines Unternehmens.

Die konkreten Anforderungen an eine Umwelterklärung gehen aus Artikel 5 hervor. Eine Umwelterklärung ist nach jeder Umweltbetriebsprüfung zu erstellen. Sie ist in knapper, verständlicher Form abzufassen, da sie für die Öffentlichkeit bestimmt ist.

2.4 Umweltrecht

2.4.1 Strukturen des deutschen und europäischen Umweltrechts

Umweltrecht ist bindend

Das Umweltrecht beinhaltet verpflichtende Bedingungen für die Organisation des betrieblichen Umweltschutzes. Im Rahmen des Fallbeispiels wird auf zwei Ebenen ein Bezug zum Umweltrecht hergestellt. Durch die Anwendung des Umsetzungskonzepts werden Unternehmen in die Lage versetzt, die Anforderungen des EMAS und der DIN EN ISO 14001 zu erfüllen. Es beruht auf EU-weitem Umweltrecht. Darüber hinaus wird in dem Fallbeispiel auf drei für mittelständische metallverarbeitende Unternehmen bedeutende Rechtsnormen Bezug genommen. Dies sind

- das Wasserhaushaltsgesetz,
- das Abfallgesetz und
- das Bundesimmissionsschutzgesetz.

Im folgenden werden die Grundlagen dazu erläutert.

Rechtliche Grundlagen

Das Umweltrecht ist in der Bundesrepublik Deutschland überwiegend Umweltverwaltungsrecht und damit Teil des öffentlichen Rechts. Das Umweltverfassungsrecht sowie das Allgemeine Umweltverwaltungsrecht sind für die Durchführung des betrieblichen Umweltschutzes von untergeordneter Bedeutung. Auf eine tiefergehende Beschreibung wird im Rahmen dieses Buches verzichtet. Das Umweltverwaltungsrecht enthält die Gesetze und Verordnungen, die den betrieblichen Umweltschutz regeln und festlegen. Das Umweltrecht besteht aus sieben Teilen, die jeweils die Gesetze zur Regelung der einzelnen folgenden Umweltteilbereiche enthalten:

Umweltrecht ist vorwiegend Umweltverwaltungsrecht

- Naturpflege (Naturschutz und Landschaftspflege, Bodenschutz, Tierschutz),
- Gewässerschutz,
- Vermeidung und Entsorgung von Abfällen,
- Immissionsschutz (Luftreinhaltung, Lärmbekämpfung),
- Strahlenschutz und Reaktorsicherheit,
- Energieeinsparung,
- Schutz vor gefährlichen Stoffen.

Komponenten des Umweltrechts

Das öffentliche Recht umfaßt dabei alle Bestimmungen, die das Verhältnis der Bürger zum Staat und die Rechtsbeziehungen staatlicher Organisationen untereinander regeln. Somit gehört das für die Unternehmen bedeutsame Umweltrecht (z.B. Bundesimmissionsschutz-, Abfall- oder Wasserhaushaltsgesetz) hinsichtlich der Genehmigung und des Betriebs von Anlagen in den Bereich des öffentlichen Rechts.

Regelungen für Unternehmen

Das Privatrecht regelt die Beziehungen der Bürger untereinander. Unternehmen sind im Umweltbereich vom Privatrecht betroffen, wenn z.B. ein Anwohner eines Betriebes einen Unterlassungsanspruch gegen Umweltbeeinträchtigungen durch Immissionen auf

Grundlage des Bürgerlichen Gesetzbuches geltend macht.

Die Rechtsbereiche Umweltstrafrecht und Umweltprivatrecht sind zwar bedeutend für die betriebliche Praxis, spielen aber mehr eine flankierende Rolle des besonderen Umweltverwaltungsrechts.

Bund und Länder teilen sich die Aufgaben

Durch die konkurrierende Gesetzgebung in der Bundesrepublik Deutschland fällt es prinzipiell in die Zuständigkeit der Länder, Gesetze zu verabschieden (Landesgesetze). Für einige Umweltteilbereiche gibt es jedoch bundeseinheitliche Regelungen, die sogenannten Bundesgesetze zum Umweltschutz (z.B. Bundes-Immissionsschutzgesetz). Darüber hinaus hat der Bund das Recht, Rahmenvorschriften zu erlassen, die teilweise ausdrücklich Regelungen durch die einzelnen Länder vorsehen, wie z.B. § 18a WHG (vgl. BENZ ET AL., S.8).

Neben den Gesetzen gibt es noch eine Vielzahl anderer Regeln, wie z.B. Rechtsverordnungen, Erlasse und Verwaltungsvorschriften (VwV), Technische Anleitungen (TA) sowie Standards und technische Regelungen. Bild 2.6 gibt eine Übersicht über die Hierarchie der deutschen Rechtsnormen.

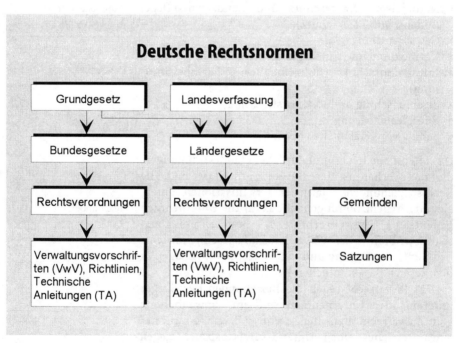

Bild 2.6

Gesetze werden durch demokratisch gewählte Bundes- oder Landesparlamente durch ein festgelegtes Gesetzgebungsverfahren verabschiedet und gelten bundes- bzw. landesweit.

Rechtsverordnungen werden von der Bundes- oder Landesregierung erlassen, die durch ein Gesetz dazu ermächtigt sind. Verordnungen werden im Rahmen von Gesetzen erlassen und spezifizieren dieses oder einen Teilbereich. Rechtsverordnungen haben quasi Gesetzescharakter und sind verbindlich.

Bei Verwaltungsvorschriften und Erlassen handelt es sich um Rechtsnormen, die in erster Linie verwaltungsintern Geltung haben. Sie sollen die Verwaltung an eine feste Auslegung der Gesetze binden und kommen indirekt über Verwaltungsakte (z.B. Genehmigungen) für ein Unternehmen zur Wirkung.

Technische Anleitungen sind allgemeine Verwaltungsvorschriften, welche durch Verwaltungsakte für die Unternehmen verbindlich werden. Der Rechtsprechung nutzen die Technischen Anleitungen als Grundlage zur Beurteilung von Verstößen gegen das Umweltrecht und sind aus diesem Grund unbedingt von den Unternehmen zu beachten. Zur Zeit existieren die Technischen Anleitungen:

- TA Luft,
- TA Abfall (T.1: Besonders überwachungsbedürftige Abfälle, T.3: Siedlungsabfall),
- TA Lärm.

Einige allgemeine und spezielle Verwaltungsvorschriften beziehen sich bzw. verweisen auf andere nicht staatliche Regelwerke, wie z.B. VDI-Richtlinien, VDE-Richtlinien oder DIN-Normen (Technische Regelungen). Dadurch erhalten solche Normen teilweise Gesetzescharakter.

Die sogenannten „allgemein anerkannten Regeln der Technik" (a.a.R.T) werden als Standard der Technik bei der Bewertung des Umweltschutzes und der zugehörigen Maßnahmen angewendet. Als noch „höherer" Standard bezeichnet „der Stand der Technik" ein Niveau von Verfahren und Techniken, die zwar wissenschaftlich erprobt, aber noch nicht generell verwendet werden.

Die Regelungsdichte im Umweltbereich erhöht sich laufend durch neue Vorschriften, so daß es für Unter-

Gesetze bilden die Grundlage

Rechtsgrundlagen für Umweltbehörden

Technische Anleitungen zur Umsetzung von Forderungen

Die Regelungsdichte nimmt ständig zu

nehmen mit hohem Aufwand verbunden ist, den jeweils aktuellen Vorschriften zu genügen. Im Umweltrecht dominiert bisher das „klassische" Ordnungsrecht, das Regelungen vor allem mit Ge- und Verboten, Auflagen oder nachträglichen Anordnungen beinhaltet.

Instrumente, die im Gegensatz dazu mit ökonomischen Anreizen arbeiten oder die Eigenverantwortung der Unternehmen stärker betonen, sind im Umweltrecht nur wenig zu finden. Bisher beschränken sich die Beispiele im wesentlichen auf das Abwasserabgabengesetz und einige Landesabfallabgabengesetze. Die Verordnung (EWG) Nr. 1836/93 ist ein Schritt in diese Richtung, da sie die Eigenverantwortung der Unternehmen für den Umweltschutz ausdrücklich betont. Jedoch entbindet sie die Unternehmen nicht von der Verpflichtung zur Einhaltung von bestehenden Umweltgesetzen.

Europäische Umweltgesetzgebung

Die Europäische Union gibt den Rahmen vor

Neben dem nationalen deutschen Umweltrecht gibt es eine europäische Umweltgesetzgebung, die vorwiegend aus Richtlinien und Verordnungen besteht. Die Umweltpolitik der Europäischen Union zielt darauf ab, daß möglichst viele Regelungen durch die Mitgliedsstaaten selbst geschaffen werden.

Bereits 1973 hat der Rat der Europäischen Gemeinschaft (EG, seit 01.01.1995 Europäische Union, EU) ein erstes Umweltaktionsprogramm für die Europäische Gemeinschaft aufgestellt, in dem Leitlinien für eine europäische Umweltpolitik festgelegt wurden. Seit 1993 bis 1998 läuft das fünfte Umweltaktionsprogramm „Für eine dauerhafte und umweltgerechte Entwicklung" (vgl. EWG-Vertrag, Artikel 100a (3)). Zur Umsetzung der Umweltaktionsprogramme wurde jeweils eine Reihe von Rechtsakten mit umweltpolitischen Inhalten erlassen.

Die vertragliche Rechtsgrundlage für den europäischen Umweltschutz

Im Umweltbereich bildet der 1986 mit der Einheitlichen Europäischen Akte aufgenommene Artikel 100a des EWG-Vertrags eine Grundlage für Rechtsakte im Umweltschutz. Absatz 3 legt fest, daß *„die Kommission in ihren Vorschlägen (...) in den Bereichen Gesundheit, Sicherheit, Umweltschutz und Verbraucherschutz von einem hohen Schutzniveau"* ausgeht (EWG-Vertrag, Artikel 100a (3)).

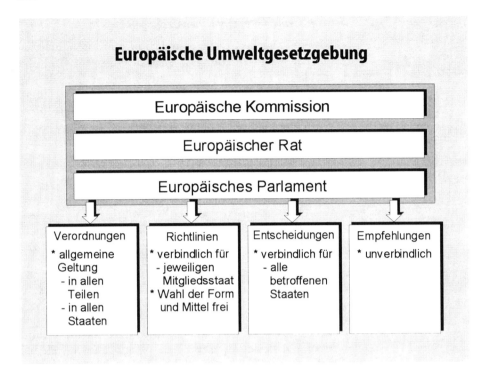

Bild 2.7

Titel "Umwelt" im EWG-Vertrag

Der gleichzeitig aufgenommene Titel „Umwelt" (Artikel 130 r-t) im EWG-Vertrag verschaffte der EU eine eindeutige Handlungskompetenz im Umweltschutz, die bis dahin nicht vorhanden war. Aus den Gründungsverträgen der EG folgt zwar die Befugnis zum Erlaß von Rechtsnormen für die Europäische Union, doch bis 1986 war der Umweltschutz nicht als Regelungsbereich benannt.

Artikel 130r des EWG-Vertrages legt die Umweltpolitik der Gemeinschaft fest. Die Ziele der Umweltpolitik beziehen sich auf den Schutz und die Erhaltung der Umwelt, den Schutz der menschlichen Gesundheit sowie die Gewährleistung einer umsichtigen und rationellen Verwendung der natürlichen Ressourcen. Zu diesem Zweck wird die Gemeinschaft im Umweltbereich immer dann tätig, wenn diese Ziele besser auf Gemeinschaftsebene als auf der Ebene der einzelnen Mitgliedsstaaten erreicht werden können.

Artikel 130 des EWG-Vertrags legt gemeinschaftliche Umweltpolitik fest

Instrumente der europäischen Gesetzgebung

Instrumente des europäischen Umweltrechts

Die europäische Gesetzgebung nimmt ihre Möglichkeiten zur Verabschiedung von Rechtsakten im Umweltschutz vor allem mit den Instrumenten der Verordnung und der Richtlinie wahr. Empfehlungen und Stellungnahmen sind dagegen von untergeordneter Bedeutung und haben den Charakter von politischen Absichtserklärungen.

Verordnungen

Verordnungen gelten unmittelbar in jedem Mitgliedsland. Sie brauchen nicht in nationales Recht umgesetzt zu werden, sondern sind in allen Mitgliedsstaaten gleichermaßen verbindlich. Nationales Recht kann auch nicht den Inhalt von Verordnungen außer Kraft setzen, da europäisches Recht gegenüber dem nationalen Recht Vorrang hat.

Richtlinien

Richtlinien sind im Gegensatz zu Verordnungen an die Mitgliedsstaaten gerichtet und bedürfen zu ihrer Umsetzung nationaler Gesetze. Dabei bleibt den Mitgliedsstaaten ein Gestaltungsspielraum bei der Umsetzung der Richtlinien und ihrer Ziele erhalten. Sofern der Mitgliedsstaat die Umsetzung innerhalb einer vorgegebenen Frist versäumt, erhält die Richtlinie eine unmittelbar verbindliche Bedeutung bis zur Schaffung eines nationalen Gesetzes.

2.4.2 Grundlagen zu einzelnen deutschen Umweltgesetzen

Grundkenntnisse des Umweltrechts sind die Basis

Im folgenden werden die wichtigsten Gesetze zu den Umweltteilbereichen Luft, Wasser und Abfall näher erläutert. Dies ist erforderlich, da nur die Grundkenntnis der gesetzlichen Regelungen und Vorschriften einen effektiven Umweltschutz zuläßt. Bild 2.8 gibt eine Übersicht über das Umweltrecht in Deutschland, das für die betriebliche Praxis von Bedeutung ist. Die wichtigsten gesetzlichen Grundlagen, die in dem folgenden Bild grau hinterlegt sind, werden im Anschluß kurz erläutert.

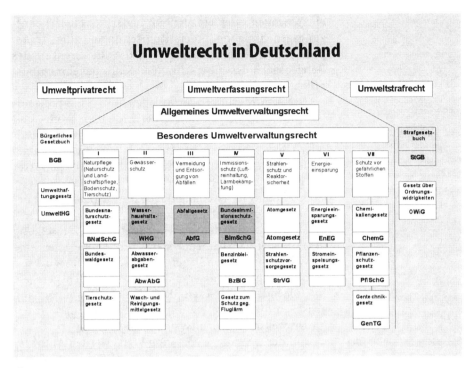

Bild 2.8

Wasserhaushaltsgesetz

Das Wasserhaushaltsgesetz ist ein Rahmengesetz des Bundes, welches durch die Landeswassergesetze ausgefüllt wird. Die eingreifenden Maßnahmen dieses Gesetzes betreffen zwölf Punkte. Von besonderer Bedeutung ist die allgemeine Sorgfaltspflicht, weil dadurch jedermann dazu verpflichtet ist, beim Umgang mit wassergefährdenden Stoffen eine Gefährdung oder Beeinträchtigung eines Gewässers auszuschließen.

Die Sorgfaltspflicht steht im Mittelpunkt

Verunreinigungsverbote beziehen sich generell auf alle Stoffe sowie auf Beeinträchtigungen durch den Stofftransport, z.B. das Pumpen von Gasen oder Flüssigkeiten durch geschlossene Rohrleitungssysteme durch ein Gewässer bzw. unter einem Gewässer hindurch. Darüber hinaus können durch Rechtsverordnungen Reinhaltegebote wirksam werden, die die Einleitung eines Stoffes ganz verbieten oder aber Mindestanforderungen an dessen sichere Einleitung stellen.

Um ein Gewässer benutzen zu dürfen, d.h. Wasser zu entnehmen oder abzuleiten bzw. Stoffe in ein Gewässer einzubringen oder einzuleiten, bedarf es einer Benutzungsgenehmigung. Auch Rohrleitungen zum Transport wassergefährdender Stoffe, die die Grenzen des Betriebsgeländes überschreiten, sind genehmigungspflichtig.

Die meisten Unternehmen sind betroffen

Die Anforderungen an Anlagen zum Lagern, Abfüllen und Umschlagen wassergefährdender Stoffe sind fast für jeden Betrieb von Belang, da Schmiermittel- oder Öllager bereits eine Anlage in diesem Sinne darstellen. Um den bestmöglichen Schutz für ein Gewässer zu gewährleisten, bedürfen diese Anlagen teilweise einer Eignungsfeststellung durch die zuständige Behörde oder einer Bauartzulassung.

Das Wasserhaushaltsgesetz bildet für die Umsetzung des Umweltmanagementsystems im Fallbeispiel eine der wichtigsten Grundlagen. In diesem Gesetz wird u.a. der Umgang mit wassergefährdenden Stoffen geregelt. Im folgenden wird exemplarisch der Zusammenhang zwischen diesem Gesetz und dem Einführungskonzept für Umweltmanagementsysteme aufgezeigt.

Praktische Bedeutung des Wasserhaushaltsgesetzes

Auf der Grundlage von § 19g WHG werden Anforderungen an Unternehmen mit Anlagen zum Umgang mit wassergefährdenden Stoffen aufgestellt. Wassergefährdende Stoffe, wie z.B. Schmiermittel und Öle, werden in sogenannte Wassergefährdungsklassen eingeteilt. Nach der jeweils vorliegenden Wassergefährdungsklasse der eingesetzten Stoffe richtet sich die Ausgestaltung der Anlage. Nach § 19g WHG werden Anlagen zum Umgang mit wassergefährdenden Stoffen in zwei Anlagenkategorien unterteilt. Zum einen sind dies Anlagen zum Lagern, Abfüllen und Umschlagen und zum anderen Anlagen zum Herstellen, Behandeln und Verwenden. Für den überwiegenden Teil der Unternehmen der metallbe- und verarbeitenden Industrie gelten Regelungen der ersten Kategorie. In dem Praxisprojekt wird das Konzept zur Realisierung des Öllagers auf der Grundlage des § 19, Abs. 1 des WHG und der Verordnungen für Anlagen zum Umgang mit wassergefährdenden Stoffen (VAwS) ausgerichtet.

Überwachungsrecht von Behördenseite

Die Behörden haben dem Unternehmen gegenüber das Überwachungsrecht. Daraus ergibt sich für das Unternehmen eine Auskunfts- und Duldungspflicht den Behörden gegenüber. Außerdem kann von der Behörde verlangt werden, einen Gewässerschutzbeauftragten, also einen Ansprechpartner im Unternehmen,

Gewässerschutzbeauftragter

zu bestellen. Ein Gewässerschutzbeauftragter wird gesetzlich gefordert, wenn das Unternehmen mehr als 750 m^3 Abwasser pro Tag einleiten darf (vgl. BENZ ET AL., S.65). Das Abwasserabgabengesetz belegt die Einleitung bestimmter Stoffe und Mengen mit Gebühren und schafft so einen wirtschaftlichen Anreiz zur Minimierung von Abwasser.

Abfallrecht

Das Abfallrecht unterliegt ebenso wie der Gewässerschutz der konkurrierenden Gesetzgebung. Sofern der Bund im Abfallgesetz (AbfG) bestimmte Regelungsbereiche ausläßt, können die Länder in Landesabfallgesetzen eigene Regelungen treffen. Ansonsten regeln die Landesabfallgesetze als Vollzugsgesetze die Kompetenzen bei der Abfallentsorgung. Neben dem Abfallgesetz des Bundes und den Abfallgesetzen der Länder gehören zu den wichtigen Vorschriften im Abfallrecht eine Reihe von Rechtsverordnungen und Verwaltungsvorschriften.

Beim Abfallgesetz handelt es sich ebenfalls um ein Rahmengesetz des Bundes. Die Landesabfallgesetze enthalten ergänzende Bestimmungen. Das Abfallgesetz regelt grundsätzliche Maßnahmenarten, wie z.B. Pflichten, Genehmigungen und Beschränkungen, die im einzelnen durch die oben genannten Verordnungen spezifiziert werden. Das Abfallgesetz bezieht sich sowohl auf den Abfallerzeuger oder -besitzer als auch auf den Beförderer und Entsorger. *Wichtige Regelungen im Abfallrecht*

Die Überlassungs- und Beseitigungspflicht des Abfallerzeugers oder -besitzers und die überwachungsdienstlichen Pflichten stehen im Vordergrund (Abfallnachweisverordnung).

Für ein Unternehmen ist es obligatorisch, die Bestimmungen zur Bestellung eines Abfallbeauftragten zu beachten, insbesondere die Verordnung über Betriebsbeauftragte für Abfall. Der § 1 dieser Verordnung gibt Auskunft darüber, welche Betreiber bestimmter Anlagen einen Abfallbeauftragten bestellen müssen. Unter bestimmten Voraussetzungen, abhängig von Menge und Gefährlichkeit der Abfälle, kann auch eine Befreiung zur Bestellung eines Abfallbeauftragten durch die Behörde erteilt werden (§ 6) (vgl. BENZ ET AL., S.41). *Betriebsbeauftragter für Abfall*

Die Einordnung von Abfällen in besonders überwachungspflichtige Abfälle und überwachungsbedürftige

Reststoffe geschieht nach der Abfallbestimmungs- bzw. Reststoffbestimmungsverordnung. Diese regelt die Nachweisführung beim Erzeuger, Transporteur und Entsorger und soll eine lückenlose Dokumentation über den Verbleib von Abfall- und Reststoffen sicherstellen.

Die Abfallverbringungsverordnung von 1988 beinhaltet alle Regeln zur Ausführung von Abfällen aus der Bundesrepublik Deutschland in ein anderes Land. Neben dieser Verordnung ist im Oktober 1994 das Abfallverbringungsgesetz in Kraft getreten, welches eine größere Regelungstiefe als die Abfallverbringungsverordnung besitzt (vgl. BENZ ET AL., S.41).

Im Oktober 1996 wurde in der Bundesrepublik Deutschland das Kreislaufwirtschafts- und Abfallgesetz (KrW-/AbfG) in Kraft gesetzt. Dieses Gesetz bringt einige Neuigkeiten oder Verschärfungen mit sich, wie z.B. die Produktverantwortung und die Pflicht zur Erstellung von Abfallwirtschaftskonzepten (Entsorgungskonzept im Fallbeispiel) oder die Kennzeichnungspflicht für Abfallstoffe.

Verantwortung liegt beim Hersteller

Dadurch, daß die Produktverantwortung dem Hersteller zugeschrieben wird, soll erreicht werden, daß die Produkte abfallarm entwickelt, hergestellt und vertrieben werden. Außerdem ist der Hersteller auch für den Verbleib des Produktes nach dem Gebrauch verantwortlich.

Bundesimmissionsschutzgesetz

Das Bundesimmissionsschutzgesetz (BImSchG) ist das Leitgesetz von drei Gesetzen zur Reinhaltung der Luft und zur Lärmbekämpfung. Zur Durchführung des Bundesimmissionsschutzgesetzes sind seit 1974 eine ganze Reihe von Verordnungen ergangen. Darüber hinaus existieren immissionsschutzbezogene Verwaltungsvorschriften und ein antizipiertes Gutachten, die Technische Anleitung Luft (TA-Luft).

Der betriebliche Umweltschutz wird am stärksten vom anlagen- und betriebsbezogenen Immissionsschutz berührt, da eine Vielzahl der eingesetzten Anlagen der heutigen Produktionstechnik der Genehmigungs- oder Meldepflicht unterliegen. Durch die 12. Verordnung zum BImSchG wird der Störfallvorsorge eine bedeutende Rolle zugewiesen, außerdem ist der Betreiber von genehmigungs- oder meldepflichtigen

Genehmigungs- und Meldepflicht für Anlagen

Anlagen nach §5 BImSchV zur Bestellung eines Immissionsschutz- und Störfallbeauftragten gesetzlich verpflichtet.

Immissionsschutz- und Störfallbeauftragte

Die Technische Anleitung (TA) Luft (vgl. TA-LUFT) spielt in der betrieblichen bzw. behördlichen Praxis und auch für die Rechtsprechung eine wichtige Rolle.

Im einzelnen sind die folgenden Punkte darin enthalten:

- Anwendungsbereich,
- Allgemeine Vorschriften zur Reinhaltung der Luft,
- Begriffsbestimmung und Einheiten im Meßwesen,
- Allgemeine Grundsätze für Genehmigung und Vorbescheid,
- Immissionswerte,
- Ermittlung von Immissionskenngrößen,
- Begrenzung und Feststellung der Emissionen,
- Messung und Überwachung der Emissionen,
- Anforderungen an Altanlagen.

Checkliste der TA Luft

Daneben gelten auch die immissionsrechtlichen Bestimmungen aus den Vorschriften des Straßen-, Schienen-, Schiffahrts- und Luftverkehrs sowie das Atomgesetz (vgl. STORM, S.529ff.).

Die BImSch-Verordnungen Nr. 8, 15, 16 und 18 beziehen sich auf die Emission von Lärm, z.B. Verkehrslärm. Für die Durchführung dieser Verordnungen wird oft das antizipierte Gutachten TA Lärm (vgl. TA-LÄRM) herangezogen. Die TA Lärm enthält Bestimmungen über maximale Lärmpegel im Zusammenhang mit genehmigungspflichtigen Anlagen und legt Meßverfahren zur Schallpegelbestimmung fest. Hiervon sind im Fallbeispiel die Druckguß- und Stanzmaschinen betroffen.

TA Lärm beinhaltet Handlungsanleitungen

Literatur zur Organisation

BULLINGER, H.-J., WARNECKE, H.-J.: Neue Organisationsformen im Unternehmen, Ein Handbuch für das moderne Management, Berlin, Heidelberg, New York: Springer Verlag, 1996
EVERSHEIM, W. (HRSG.): Prozeßorientierte Unternehmenorganisation, Konzepte und Methoden zur Gestaltung „schlanker" Organisationen", Berlin, Heidelberg, New York: Springer Verlag, 1996
HIGGINS, J.M., WIESE, G.G.: Innovationsmanagement, Kreativitätstechniken für den unternehmerischen erfolg, Berlin, Heidelberg, New York: Springer Verlag, 1996
HIRSCH-KREINSEN, H. (HRSG.): Organisation und Mitarbeiter im TQM, Berlin, Heidelberg, New York: Springer Verlag, 1996
JUNG, R.H., KLEINE, M.: Management, Personen - Strukturen - Funktionen - Instrumente, München, Wien: Carl Hanser Verlag, 1993
KATZ, KAHN in: STAEHLE
KOSIOL in: STAEHLE
SCHWARZ, H.: Betriebsorganisation als Führungsaufgabe, Organisation - Lehre und Praxis, 9., neu bearbeitete und ergänzte Auflage, Landsberg am Lech: Verlag Moderne Industrie, 1983
SPUR, G.: Fabrikbetrieb, München, Wien: Carl Hanser Verlag, 1994
STAEHLE, W.H.: Management - Eine verhaltenswissenschaftliche Perspektive, 6., überarbeitete Auflage, München: Verlag Franz Vahlen, 1991
ULRICH in: STAEHLE
ULRICH, P., FLURI, E.: Management, Eine konzentrierte Einführung, 6., neubearbeitete und ergänzte Auflage, UTB für Wissenschaft, Uni-Taschenbücher 375, Bern, Stuttgart: Verlag Paul Haupt, 1992

Literatur zum Qualitätsmanagement

BINNER, H.F.: Umfassendes Qualitätsmanagement, Ein Leitfaden zum Qualitätsmanagement, Berlin, Heidelberg, New York: Springer Verlag, 1996
DEUTSCHES INSTITUT FÜR NORMUNG (HRSG.): DIN ISO 8402, Qualitätsmanagement - Begriffe, Berlin: Beuth-Verlag, 1994
EUROPEAN FOUNDATION FOR QUALITY MANAGEMENT, EFQM (HRSG.): Selbstbewertung 1996, Richtlinien für Unternehmen, Brüssel 1996
EVERSHEIM, W. (HRSG.): Qualitätsmanagement für Dienstleister, Grundlagen - Selbstanalyse - Umsetzungshilfen, Berlin, Heidelberg, New York: Springer Verlag, 1996
FREHR, H.-U.: Total Quality Management, Unternehmensweite Qualitätsverbesserung, München, Wien: Carl Hanser Verlag, 1994
KAMISKE, G.F., BRAUER, J.-P.: Qualitätsmanagement von A-Z, Erläuterungen moderner Begriffe des Qualitätsmanagements, München, Wien: Carl Hanser Verlag, 1995

KAMISKE, G.F., BRAUER, J.-P.: Pocket Power, ABC des Qualitätsmanagements, München, Wien: Carl Hanser Verlag, 1996
MASING, W. (HRSG.): Handbuch Qualitätsmanagement, München, Wien: Carl Hanser Verlag, 1994
PFEIFER, T.: Praxishandbuch Qualitätsmanagement, München, Wien: Carl Hanser Verlag, 1996
REINHART, G., LINDEMANN, U., HEINZL, J.: Qualitätsmanagement, Grundlagen für Studium und Praxis, München, Wien: Springer Verlag, 1996
TOMYS, A.-K.: Kostenorientiertes Qualitätsmanagement, Qualitätscontrolling zur ständigen Verbesserung der Unternehmensprozesse, München, Wien: Carl Hanser Verlag, 1995
WILDEMANN, H. (HRSG.): Controlling im TQM, Methoden und Instrumente zur Verbesserung der Unternehmensqualität, Berlin, Heidelberg, New York: Springer Verlag, 1996

Literatur zum Umweltmanagement

CLAUSEN, J., FICHTER, K.: Umweltbericht - Umwelterklärung, Praxis glaubwürdiger Kommunikation von Unternehmen, München, Wien: Carl Hanser Verlag, 1996
DEUTSCHE GESELLSCHAFT FÜR QUALITÄT (HRSG.): DGQ-Schrift Nr. 100-21, Umweltmanagementsystem - Modell zur Darlegung der umweltschutz-bezogenen Fähigkeit einer Organisation, Berlin: Beuth-Verlag, 1994
DEUTSCHER BUNDESTAG (HRSG.): Gesetz zur Ausführung der Verordnung (EWG) Nr. 1836/93 des Rates vom 19. Juni 1993 über die freiwillige Beteiligung gewerblicher Unternehmen an einem Gemeinschaftssystem für das Umweltmanagement und die Umweltbetriebsprüfung (Umweltauditgesetz - UAG), Bundesanzeiger, Bonn 1995
DEUTSCHES INSTITUT FÜR NORMUNG (HRSG.) (1996): DIN EN ISO 14001, Umweltmanagementsysteme, Spezifikationen und Leitlinien zur Anwendung, Berlin: Beuth Verlag, 1996
DÖTTINGER, K., LUTZ, U., ROTH, K. (HRSG.): Betriebliches Umweltmanagement, Grundlagen - Methoden - Praxisbeispiele, Loseblattsammlung, Berlin, Heidelberg, New York: Springer Verlag
KAMISKE, G.F., BUTTERBRODT, D., DANNICH-KAPPELMANN, M., TAMMLER, U.: Umweltmanagement, Moderne Methoden und Techniken zur Umsetzung, München, Wien: Carl Hanser Verlag, 1995
KELLER, A., LÜCK, M.: Der Einstieg ins Öko-Audit für mittelständische Betriebe durch modulares Umweltmanagement, Berlin, Heidelberg, New York: Springer Verlag, 1996
RAT DER EUROPÄISCHEN GEMEINSCHAFTEN (HRSG.): Verordnung (EWG) Nr. 1836/93 des Rates vom 19. Juni 1993 über die freiwillige Beteiligung gewerblicher Unternehmen an einem Gemeinschaftssystem für das Umweltmanagement und die Umweltbetriebsprüfung, Amtsblatt der Europäischen Gemeinschaften Nr. L 168 vom 10.07.1993, Berlin: Beuth Verlag, 1993

Rat der Europäischen Gemeinschaften (Hrsg.): Verordnung (EWG) Nr. 3037/90, Amtsblatt der Europäischen Gemeinschaften, Berlin: Beuth Verlag, 1990

Sietz, M. (Hrsg.): Umweltbetriebsprüfung und Öko-Auditing, Anwendungen und Praxisbeispiele, Berlin, Heidelberg, New York: Springer Verlag, 1996

Umweltbundesamt: Jahresbericht, Umweltbundesamt: Berlin, 1995

Winter, G. (Hrsg.): Das Umweltbewußte Unternehmen - Handbuch der Betriebsökologie mit 28 Checklisten für die Praxis, 5. überarbeitete Auflage, München: C.H. Beck Verlag, 1993

Winter, G. (Hrsg.): Ökologische Unternehmensentwicklung, Management im dynamischen Umfeld, Berlin, Heidelberg, New York: Springer-Verlag, 1997

Literatur zum Umweltrecht

Bender, B., Sparwasser, R., Engel, R.: Umweltrecht - Grundzüge des öffentlichen Umweltschutzrechts, Heidelberg: C.F. Müller, 1995

Benz, Birle, Günther, Ulbrich: Verband Deutscher Maschinen- und Anlagenbau (VDMA) (Hrsg.): Umweltschutzanforderungen in der Metallindustrie, 3. ergänzte und überarbeitete Auflage, Frankfurt (Main): Maschinenbau Verlag, 1995

Butterbrodt, D., Piwek, V., Tammler, U.: Pocket Power - Wegweiser durch das Umweltrecht, München, Wien: Carl Hanser Verlag, 1997

Fischer, P.: Umweltrecht, Haftungsrisiken erkennen und teure Folgen vermeiden, Bad Wörishofen: Holzmann Buchverlag, 1993

Hoppe, W., Beckmann, M.: Umweltrecht, Juristisches Kurzlehrbuch für Studium und Praxis, München: Verlag C.H. Beck, 1989

Kahl, W., Voßkuhle, A. (Hrsg.): Grundkurs Umweltrecht, Einführung für Naturwissenschaftler und Ökonomen, Heidelberg, Berlin, Oxford: Spektrum Akademischer Verlag, 1995

Ketteler, G.: Umweltrecht, Eine Einführung unter besonderer Berücksichtigung des Wasser-, Immissionsschutz-, Abfall- und Naturschutzrechts, Deutscher Gemeindeverlag, 1988

Krusche, M.: Umweltrecht, Neues Denken - neue Perspektiven, Stuttgart, Berlin: Kohlhammer Verlag, 1988

N.N.: Umweltrecht, Wichtige Gesetze und Verordnungen zum Schutz der Umwelt, München: Verlag C.H. Beck, 1995

Salzwedel, J. (Hrsg.): Grundzüge des Umweltrechts, Berlin: Erich Schmidt Verlag, 1982

Schmidt, R., Müller, H.: Einführung in das Umweltrecht, München: Verlag C.H. Beck, 1995

Storm, P.-C.: Umweltrecht - Einführung in ein neues Rechtsgebiet, Berlin 1980

3 Gemeinsame Umsetzung von Umwelt- und Qualitätsmanagementsystemen

3.1
Erweiterter Qualitätsbegriff

Im folgenden wird der Zusammenhang zwischen Qualitäts- und Umweltmanagement aufgezeigt und dargestellt, wie der Qualitätsbegriff auf unerwünschte Nebenprodukte der Wertschöpfung angewendet werden kann. Im Anschluß daran werden in Abschn. 3.2 die wichtigsten Ansätze zum Qualitätsdenken aufgegriffen und deren umweltorientierte Dimensionen beleuchtet. Der erweiterte Qualitätsbegriff bildet den Rahmen zur Umsetzung des betrieblichen Umweltschutzes und -managements im umfassenden Qualitätsmanagement.

Qualitätsbegriff wird auf den Umweltschutz übertragen

3.1.1
Zusammenhang zwischen Qualitäts- und Umweltmanagement

Qualitätsmanagement bildete sich aus der Qualitätssicherung und -kontrolle heraus. Anfänglich wurde am Ende des Fertigungsprozesses durch Kontrolltätigkeiten sichergestellt, daß keine oder ein geringstmöglicher Anteil von fehlerhaften Teilen das Unternehmen verläßt. Fehlerhafte Teile wurden in Kauf genommen - solange sie bei der Endkontrolle aussortiert bzw. einer Nacharbeit zugeführt werden konnten. Qualität bedeutete Produktqualität, in der arbeitsteiligen Vorgehensweise waren Spezialisten für deren Erzeugung zuständig. In der integrativen Qualitätssicherung wurde die Qualitätssicherung als separate Funktion aufgelöst und in die Linienfunktionen integriert. Jedoch wurde Qualität neben den anderen Tätigkeiten und Sachzwängen vernachlässigt. Die Erweiterung des Qualitätsbegriffes auf Prozesse, die Arbeit des einzelnen und das gesamte

Entwicklung des Qualitätsmanagements

Qualität als Managementaufgabe

Unternehmen führte zur Einbeziehung der Qualität in Planungsprozesse am Beginn der Wertschöpfungskette. Fehlerquellen sollten vorsorglich erkannt und ausgeschaltet werden, Qualität wurde als Managementaufgabe begriffen.

Betrieblicher Umweltschutz wird zur Managementaufgabe

Auch betrieblicher Umweltschutz wurde und wird zunächst, dem Produktionsprozeß nachgeschaltet, von Spezialisten betrieben, um die Einhaltung gesetzlich festgelegter Vorgaben sicherzustellen. Dies ist mit hohem technischen, materiellen und finanziellen Aufwand verbunden. Erst die Wahrnehmung des Umweltschutzes als Managementaufgabe führte zur Einbeziehung der Produktion und schließlich der gesamten Unternehmensabläufe in Umweltschutzbemühungen. Bereits in der Planungsphase von Prozessen und Produkten muß Umweltschutz vorsorgend berücksichtigt werden. In Bild 3.1 ist der Entwicklungsprozeß von Qualitäts- und Umweltmanagement dargestellt. Ein in die Zukunft gerichtetes Management vereinigt die Managementaspekte Qualität, Umweltschutz und weitere, wie z.B. Arbeitssicherheit. Qualität und Umweltschutz, als Managementaufgaben verstanden, erfordern die Einbeziehung aller Mitarbeiter und die beschriebene Kundenorientierung.

Bild 3.1

3.1.2
Haupt- und Nebenprodukte als Gegenstände der Qualitätsverbesserung und des betrieblichen Umweltschutzes

Der Qualitätsbegriff und die Aufgaben des Qualitätsmanagements werden von einer engen, rein produktbezogenen Sichtweise auf Produktionsprozesse und sämtliche Unternehmensabläufe ausgedehnt. Jedoch ist die Zufriedenstellung und Überzeugung des Kunden im wesentlichen durch hervorragende Produktqualität zu erreichen. Die Betrachtung der Prozesse erfolgt daher immer mit dem Ziel, die Produktqualität so wirtschaftlich wie möglich sicherzustellen und ein positives Unternehmensbild zu vermitteln. Soweit es sich um die Beschaffenheit der Hauptprodukte handelt, sind die Forderungen der Kunden und der Gesellschaft hinsichtlich der umweltbezogenen Merkmale Teil der Qualitätsforderungen an das Produkt.

Umweltschutz wird zur Qualitätsforderung

Im Prozeßverlauf fallen neben den Hauptprodukten ungewollte Nebenprodukte an. Forderungen an diese sind im Regelfall nicht Bestandteil der Qualitätsforderungen, sondern rein umweltschutzbezogene Forderungen. Sie werden von gesellschaftlichen Gruppen, aber auch von Kunden, die sich in zunehmendem Maße mit den Herstellungsprozessen der von ihnen erworbenen Produkte (z.B. Verwendung wasserlöslicher oder Pulverlacke anstatt lösemittelhaltiger Lacke in der Oberflächenbeschichtung) beschäftigen, aufgestellt.

Auch Nebenprodukte müssen „gemanagt" werden

Sowohl im Qualitätsbereich als auch im Umweltschutz wird die Betrachtung, wie dargestellt, von einzelnen Aspekten oder Unternehmensbereichen auf eine umfassende Sichtweise ausgedehnt. Diese bezieht auch die Phasen des Produktlebenszyklus mit ein, die nicht im Unternehmen, sondern wie beim Produktgebrauch oder der Entsorgung außerhalb stattfinden. Ursache dieser Betrachtungen sind stets externe Forderungen, so daß durch die Ausdehnung der Bemühungen zur Qualitätsverbesserung und zum Umweltschutz über die Hauptprodukte hinaus auf die Nebenprodukte eine weitere Annäherung von Qualitäts- und Umweltmanagement stattfindet.

Umfassende Sicht gewinnt an Bedeutung

3.2 Ökologische Komponenten im umfassenden Qualitätsmanagement

3.2.1 Qualitätssichtweisen und deren Relevanz für Umweltmanagement

Demings Ansätze kommen zum Tragen

Aus Demings (DEMING) Sicht steht der Prozeß im Mittelpunkt. Deming entwickelte in einem 14 Punkte-Programm Managementprinzipien in Verbindung mit einer Top-Down-Vorgehensweise und beschrieb Veränderungsprozesse unter der Verantwortung der Leitung. Er tritt für die kontinuierliche Qualitätsförderung ein und ist somit Vorreiter für das Prinzip der ständigen Verbesserung. Dieses Prinzip hat im betrieblichen Umweltschutz den gleichen Stellenwert wie im Qualitätsmanagement. Daher wird dies sowohl in der Norm DIN EN ISO 14001 als auch in der EMAS-Verordnung erwähnt.

Null-Fehler-Philosophie entspricht null Nebenprodukten

Juran (JURAN) verband ein umfassendes Qualitätsverständnis mit der Notwendigkeit, das Top-Management für die Qualität zu gewinnen. Crosby entwickelte die Null-Fehler-Philosophie und forderte die Entwicklung einer qualitätsorientierten Unternehmenskultur. Diese Philosophie entspricht der Zielvorstellung, durch Maßnahmen des betrieblichen Umweltschutzes in der Produktion jegliche Art von Nebenprodukten und damit Emissionen einzuschränken. Dies trägt nicht nur dazu bei, daß auf Prozessen nachgeschaltete End-of-Pipe-Technologien weitestgehend verzichtet werden kann, sondern hat auch zur Folge, daß Betriebsmittelkosten und Investitionen in diese Technologien gesenkt werden können.

Feigenbaum (FEIGENBAUM) entwickelte das Total Quality Control System (TQC) und das Simultaneous Engineering nach dem Grundprinzip des ganzheitlichen, gleichzeitigen und parallelen Handelns zur Bearbeitung von komplexen Aufgaben. Feigenbaum stellt den Kunden in den Mittelpunkt der unternehmerischen Tätigkeiten und beschreibt eine dynamische Vorgehensweise, um die sich verändernden Kundenwünsche zu erfüllen.

Mitarbeitereinbindung steht im Vordergrund

Ishikawa (KARABATSOS) entwickelte das Company-Wide-Quality-Control-System, ein mitarbeiterorientiertes Konzept zur Einbindung der Mitarbeiter in die unternehmensweite Qualitätsarbeit. Diesem Konzept entsprechend systematisiert er praxisorientierte Werkzeuge und Methoden zur prozeßnahen Problemlösung. Ishikawa ist Wegbereiter des Prinzips der (Internen-) Kunden-Lieferanten-Beziehung. Die von Ishikawa vorgeschlagenen Methoden können ohne Modifikation im betrieblichen Umweltmanagement angewendet werden.

Taguchi (TAGUCHI) beurteilt Qualität aus einer gesamtwirtschaftlich-gesellschaftsbezogenen Sicht und bringt damit ein sehr weitreichendes Qualitätsverständnis zum Ausdruck. Aus dieser Sichtweise bedeutet jede Abweichung von einem definierten Sollwert einen Verlust für die Gesellschaft. Hier gelingt der Brückenschlag zur aktuellen internationalen Definition des umfassenden Qualitätsmanagements der DIN ISO 8402.

Unerwünschte Nebenprodukte sind ein Verlust für die Gesellschaft

Die zukunftsweisenden Qualitätsvorstellungen stellen die Erfüllung der Kundenwünsche und die Erreichung aller Managementziele in den Vordergrund. Neben der Ausrichtung an den Ergebnissen der Wertschöpfung, dem Produkt oder der Dienstleistung, erfolgt auch eine Orientierung am Leistungserstellungsprozeß selbst und an der Umweltverträglichkeit der Produkte und Prozesse. Die Qualitäts- und Ökologieorientierung trägt zunehmend zur Sicherung von Wettbewerbsvorteilen bei und ist nur mit der Einbindung aller Mitarbeiter möglich.

Qualität und Umweltschutz als Wettbewerbsvorteil

Die besondere Bedeutung der Einbindung aller Mitarbeiter in alle Qualitätsmanagementaktivitäten führt zu der Aussage: Qualität entsteht aus Technik und Geisteshaltung. In gleicher Weise gilt diese Aussage für den Umweltschutz: Umweltschutz entsteht aus Technik und Geisteshaltung. In diesem Sinne stellt TQM die Verbesserung der Technik und die Personalentwicklung gleichwertig nebeneinander. Die Mitarbeiter zu qualifizieren, angemessene technische Mittel bereitzustellen sowie Methoden zur Problemlösung einzubeziehen, ist der Weg zu beherrschten und robusten Prozessen und damit der Weg zur „Null-Fehler-Philosophie" von Crosby.

Die einem Prozeß nachgeschalteten Kontrollen unmittelbar vor der Nahtstelle zum Kunden kosten bekanntlich am meisten, wenn erst dadurch Fehler erkannt und beseitigt werden. Auch die Umweltschutzmaßnahmen verursachen am Ende der Prozeßkette durch End-of-pipe-Technologien oder durch Sa-

Nachsorge ist auch im Umweltschutz Verschwendung

Vermeidung von Verschwendung erhöht die Wirtschaftlichkeit

nierungsmaßnahmen bei der Beseitigung bereits entstandener unerwünschter Nebenprodukte die höchsten Kosten. Qualitätsmanagement und Umweltschutz sind dann am wirtschaftlichsten und am effektivsten, wenn am Anfang eines Prozesses die Vermeidung von Verschwendung jeder Art steht.

Auf den ersten Blick werden durch Qualitätsmanagement und betrieblichen Umweltschutz unterschiedliche Ziele verfolgt. Im Mittelpunkt der vorab aufgeführten Qualitätssichtweise steht der zufriedene und begeisterte Kunde, der möglichst als externer Partner an das Unternehmen „gebunden" werden soll. Für diesen Kunden darf es keine echten Alternativen zum ausgewählten Unternehmen und Produkt geben (BLÄSING, S.79).

Der Qualitätsbegriff wird auf den Umweltschutz ausgedehnt

Das gegenwärtig vorherrschende Ziel des Umweltschutzes dagegen beschränkt sich vorwiegend auf die Einhaltung aller Vorgaben und gesetzlichen Regelungen zum Schutz der Umwelt und der Gesellschaft. Bei einer Erweiterung des Kundenbegriffs sind die unterschiedlichen Zielrichtungen im Zusammenhang zu sehen, denn gesetzliche Auflagen und entwickeltes Umweltbewußtsein sollten als Kundenwünsche (Einzelkunde, Staat und Gesellschaft) interpretiert und der Qualitätsbegriff im Sinn der ständigen Verbesserung um die ökologische Dimension erweitert werden.

Ziel der Umsetzung dieser Systeme ist eine Unternehmenskultur, in der die Mitarbeiter auf die sich verändernden Rahmenbedingungen selbständig und lösungsorientiert reagieren. Ziel ist nicht die Erreichung eines Zustandes, sondern vielmehr die Stabilisierung und Verbesserung von Prozessen (hinsichtlich des betrieblichen Umweltschutzes z.B. die Vermeidung von Emissionen oder die Verringerung des Ressourceneinsatzes), die zu umweltverträglichen und fehlerfreien Produkten und Dienstleistungen führen.

Daher ist es auch nicht sinnvoll, für die Beschreibung der ökologischen Dimension des TQM neue Begriffe, wie „Total Environmental Management, TEM", zu definieren oder die Qualitätstechniken umzubenennen, wenn die Zielrichtung (qualitätsfähige, beherrschte, umweltgerechte und wirtschaftliche Prozesse) die gleiche ist.

Im Vordergund steht für die Bereiche Qualitäts- und Umweltmanagement die Entwicklung von flexiblen Organisationseinheiten mit klar definierten Aufgaben und Verantwortlichkeiten, die Formulierung von Zielen und die Beschreibung von Prozessen.

Qualitäts- und Umweltmanagement haben die gleiche Stoßrichtung

Um den hohen fachlichen Anforderungen, die an die Organisation eines wirtschaftlichen Umweltmanagements gestellt werden, gerecht zu werden, wird die Entwicklung einer Serviceabteilung vorgeschlagen. Mit dem vorhandenen Fach- und Methodenwissen werden die Linienverantwortlichen bei der Verbesserung und Stabilisierung der Prozesse unterstützt. Gemeinsam können die Qualitäts- und Umweltfachleute sowohl konzeptionelle Problemlösungen erarbeiten als auch deren Umsetzung fördern und dadurch zur Verwirklichung qualitäts- und umweltorientierter Unternehmensstrategien beitragen. In diesem Zusammenhang ist auch die Entwicklung von Systemen zu sehen, die zu einem umfassenden Managementsystem weiterentwickelt werden. Neben dem Qualitäts-, Umwelt- und Arbeitssicherheitsmanagement werden hiernach Bereiche wie Daten/Informationssicherheit, Werkschutz, Finanzen und Sozialaspekte einbezogen.

Fach- und Methodenwissen für umfassende Verbesserung bündeln

Komponenten des umfassenden Qualitätsmanagements

Deming (DEMING) beschreibt in seinem an Shewart angelehnten Zyklus die generelle Vorgehensweise bei einer aufgaben- und prozeßorientierten Problemlösung. Diese Vorgehensweise ist nicht nur für qualitätsrelevante Fragen anzuwenden, sondern kann auf alle Managementbereiche übertragen werden. In den jeweiligen Phasen Planen, Durchführen, Prüfen und Verbessern werden Techniken zur Analyse, Problemlösung und Prozeßstabilisierung eingesetzt (siehe Bild 3.2). Qualitätstechniken kommen zur Anwendung und werden durch Umweltmanagementtechniken ergänzt.

Der Deming-Zyklus ist übertragbar

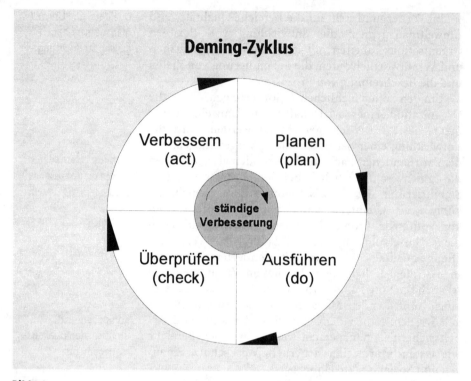

Bild 3.2

Spezifische Lösungen sind auch weiterhin gefordert

Trotz aller Analogien zwischen dem Qualitätsmanagement und dem betrieblichen Umweltschutz, die sich aus den umfassenden Qualitätssichtweisen ergeben, erfordern umweltspezifische Aufgaben auch spezifische Lösungen. Im Sinne der ständigen Verbesserung, des Null-Fehler-Ansatzes, der dezentralisierten, selbstlernenden Organisation und der Partizipation der Mitarbeiter wird die Umweltthematik zunehmend systematisiert, versachlicht und somit als ökologische Dimension von TQM verstanden und im Rahmen von TQM beschrieben.

TQM bietet die umfassende Plattform

Durch die Erweiterung von TQM auf gesellschaftliche Belange wird die Verantwortung der Unternehmen über die Unternehmensgrenzen hinaus ausgedehnt. Ziel ist es dabei, mit Ressourcen sparsam und sinnvoll umzugehen. Ein Ziel, das ins Bild der Entwicklung der Kreislaufwirtschaft paßt, ein Grundprinzip der zukunftsorientierten Unternehmensführung und ein Prinzip, das TQM widerspiegelt.

Aus der Sicht der ökologischen Dimension des TQM wird der Kundenbegriff auf die Bedürfnisse der Gesellschaft ausgedehnt. Der Einzelne steht als Kunde des gewünschten Produktes genauso im Mittelpunkt wie die Gesellschaft als Kunde der unerwünschten Nebenprodukte. Die Gesellschaft und damit verbunden die zukünftige Generation entscheiden ebenso wie der einzelne Kunde als Käufer über die Zukunft der Unternehmen.

Gesellschaft ist Kunde der unerwünschten Nebenprodukte

3.2.2
Anwendung der Qualitätstechniken im betrieblichen Umweltschutz

Umweltschutz wird, wie auch Qualitätsmanagement, als Managementaufgabe verstanden. Durch strategische Planung wird die Entstehung von Belastungen von vornherein gemindert und vermieden. Prozesse und Produkte werden so umweltverträglich wie möglich gestaltet. Mit präventiven und integrierten Umweltmanagementtechniken wird die Prozeßqualität verbessert und der Aufwand für nachgeschaltete Techniken (End of Pipe) verringert.

Strategische Planung gewinnt im Umweltschutz an Bedeutung

Diese Forderungen sind nur zu bewältigen, wenn das kreative Potential der Mitarbeiter eingesetzt wird. Kommunikation über Abteilungsgrenzen hinweg und die strukturierte Suche nach ständiger Verbesserung der Entwicklungs-, Fertigungs- und Dienstleistungsprozesse sind erforderlich. Der Mitarbeiter als Prozeßverantwortlicher verfügt über fundiertes Wissen über seinen Prozeß und wird in die Planung und Durchführung von Verbesserungsmaßnahmen einbezogen.

Mitarbeiter systematisch einbinden

Für eine Anwendung der Qualitätstechniken im Umweltmanagement bieten sich Einsatzgebiete. Eine gebräuchliche Systematik für Qualitätstechniken ist die Gliederung nach Phasen im betrieblichen Leistungserstellungsprozeß, der einen wesentlichen Abschnitt des Produktlebenszyklus ausmacht. Der Produktlebenszyklus ist die Basis für die Beurteilung des Umweltverhaltens von Produkten einschließlich Dienstleistungen, Prozessen und des gesamten Unternehmens. Spezifische Verbesserungsmaßnahmen haben häufig phasenübergreifende Auswirkungen. Bild 3.3 zeigt beispielhaft Einsatzfelder der Qualitätstechniken im Umweltmanagement.

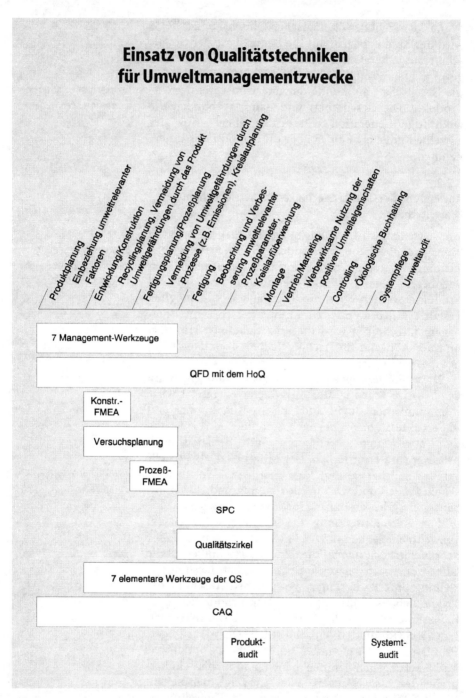

Bild 3.3

Bei kombinierter Anwendung von Umweltmanagement- und Qualitätstechniken werden zunächst die zu bearbeitenden Probleme mit Hilfe der Umweltmanagementtechniken ermittelt. Die Qualitätstechniken werden anschließend zur Problemlösung eingesetzt. Im folgenden Abschnitt werden Qualitätstechniken und deren Einsatzgebiet und -möglichkeit im betrieblichen Umweltschutz im Zusammenhang mit dem Qualitätsmanagement beschrieben.

Kombinierte Anwendung ist am wirkungsvollsten

Management-Werkzeuge (M7)

Mit den M7 werden in der Qualitätsplanung insbesondere nichtnumerische Daten visualisiert und analysiert, um den Problemlösungsprozeß im Team zu unterstützen. Ziel der M7 ist es, eine Menge von unübersichtlichen Informationen vor allem verbaler Art zu ordnen. Dadurch finden sie ihre Anwendung überwiegend bei Problemen in der Planungs- und Entwicklungsphase, wo noch kein Zahlenmaterial vorliegt.

Problemlösungen im Team erarbeiten

In den Teilschritten Problemidentifikation und -analyse, Erarbeitung, Strukturierung und Bewertung von Lösungsmöglichkeiten sowie der Festlegung der Reihenfolge für die Umsetzung werden Maßnahmen entwickelt. Die M7 sind sowohl einzeln als auch in Kombination miteinander anzuwenden, da sie sinnvoll aufeinander aufbauen.

Die strategisch ausgerichteten M7 können bei der Ermittlung von Umweltzielen und -programmen auf Unternehmensleitungsebene eingesetzt werden. Die inner- und überbetrieblichen Zusammenhänge der Umweltproblematik sind übersichtlich darstellbar. Dadurch wird die Problemlösung erleichtert. Die Vorgehensweise ist identisch mit der im Qualitätsmanagement.

Affinitäts-Diagamm

Mit dem Affinitäts-Diagramm werden Ideen und Meinungen, die z.B. in einem Brainstorming ermittelt wurden, durch Zusammenfassung und Zuordnung zu einem Oberbegriff strukturiert und, falls erforderlich, bewertet. Hilfsmittel sind Karten, auf denen die einzelnen Stichpunkte notiert werden, und Pinnwände zur Sammlung der Karten.

Ideen strukturiert bearbeiten

Relationen-Diagramm (Interrelationship-Diagramm)

Zusammenhänge aufzeigen

Ausgehend von einem Kernproblem werden mit dem Relationen-Diagramm komplexe Zusammenhänge strukturiert dargestellt. Auch hier werden Karten und Pinnwände eingesetzt.

Baumdiagramm

Komplexität reduzieren

Die schrittweise Zerlegung eines Problems und strukturierte Ableitung von Lösungsmaßnahmen erfolgt mit dem Baumdiagramm.

Matrixdiagramm

Wechselwirkungen veranschaulichen

Das Matrixdiagramm veranschaulicht Wechselwirkungen unterschiedlicher Aspekte eines Problems oder einer Struktur. Dazu werden die Aspekte in Spalten und Zeilen notiert und die Zusammenhänge durch Symbole in den jeweiligen Schnittfeldern gekennzeichnet.

Matrix-Daten-Analyse

Daten auswerten

Die Matrix-Daten-Analyse ermöglicht die weitere Auswertung der im Matrixdiagramm festgehaltenen Daten durch statistische Methoden und die Darstellung in einem Koordinatenkreuz.

Problem-Entscheidungs-Plan

Problemlösung vorbereiten

Durch systematische Untersuchung der einzelnen Teilschritte einer Lösung auf Hindernisse und Schwierigkeiten bei der Verwirklichung werden im Vorfeld der Umsetzung vorbeugend Gegenmaßnahmen und Alternativen abgeleitet.

Netzplan

Lösungsweg aufzeigen

Insbesondere für größere und unübersichtliche Projekte können Zusammenhänge graphisch anschaulich dargestellt und zeitliche Abhängigkeiten deutlich gemacht werden.

Quality Function Deployment (QFD) mit dem House of Quality (HoQ)

Kundenwünsche übersetzen

Quality Function Deployment (QFD) ist eine methodische Qualitätstechnik, mit der Kundenwünsche in einem mehrstufigen Planungsprozeß in Qualitätsmerkmale transformiert werden. In der ersten Stufe werden Kundenforderungen in kritische Produktmerkmale umgesetzt. Im folgenden werden daraus kritische Konstruktions-, Prozeß- und Fertigungs-merkmale abgeleitet. Hilfsmittel ist jeweils das House of Quality (HoQ), in das die kritischen Merkmale des vorangegangenen Schrittes als Eingangsgrößen einfließen. Vorteile von QFD sind die systematische Beseitigung von Schnittstellenproblemen und die Objektivierung des gesamten Planungsprozesses.

Den gesamten Prozeß überblicken

Das HoQ ist eine Übersetzungsmatrix, die von einem bereichsübergreifenden Team ausgefüllt wird. Kundenforderungen werden aus Erkenntnissen der Marktforschung abgeleitet. Sie gehen strukturiert und gewichtet als Eingangsgrößen in die waagerechten, kundenspezifischen Zeilen des HoQ ein. Ein Wettbewerbsvergleich führt zu einem Stärken-Schwächen-Profil des eigenen Produktes.

In die vertikale, technikspezifische Achse werden technische Produkteigenschaften und -merkmale (Designforderungen) eingetragen und Wechselwirkungen zwischen ihnen ermittelt. Der wichtigste Schritt ist die anschließende Darstellung der Beziehungen der Design- zu den Kundenforderungen. Im folgenden werden Schwierigkeiten der Umsetzung der Forderungen bewertet und objektive Zielwerte vorgegeben. Ein Rechenschema ermöglicht die Ermittlung der kritischen Designforderungen, die in weiteren Planungsschritten näher untersucht werden.

Kundenanforderungen in technische Merkmale umsetzen

Die öffentliche Umweltdiskussion hat zu einer wichtigen Rolle der Umweltverträglichkeit von Produkten bei Kaufentscheidungen geführt. Die entsprechenden Kundenforderungen können mit Hilfe von QFD bei der Erarbeitung der kritischen Designforderungen systematisch berücksichtigt werden, hierbei wird aus der Ökologieorientierung der Kunden ein Qualitätsmerkmal des Produkts. Beim vollständigen Durchlauf aller Stufen des QFD werden sie in umfassender Betrachtungsweise nicht nur in Konstruktions- sondern auch in Prozeß- und Fertigungsmerkmale überführt.

Umweltspezifische Kundenwünsche werden zu Qualitätsmerkmalen

Die QFD-Methode kann vollständig für die genannten Einsatzzwecke im Umweltmanagement übernommen werden. Umweltrelevante Kundenforderungen werden wie die weiteren qualitätsrelevanten Kundenforderungen behandelt. Inwieweit die Gewichtung von Umweltforderungen für die besondere Beachtung umweltkritischer Designmerkmale erhöht werden kann, muß im Einzelfall betrachtet werden. Dies gilt vor allem hinsichtlich gesetzlicher Bestimmungen oder unternehmensinterner Zielsetzungen, die nicht kundenrelevant sind.

Fehlermöglichkeits- und -einflußanalyse (FMEA)

Die FMEA ist eine weitgehend formalisierte analytische Methode, mit der potentielle Fehler bei der Entwicklung, Fertigung und Montage neuer Produkte und bei der Gestaltung von Prozessen aufgedeckt werden können. Im Vorfeld der Realisierung von Produkten und Prozessen werden in einem interdisziplinären Team mögliche Fehler gesammelt und deren potentielle Ursachen und Auswirkungen ermittelt. Auftretenswahrscheinlichkeit, Bedeutung des Fehlers aus Kundensicht und Wahrscheinlichkeit seiner Entdeckung vor der Auslieferung werden abgeschätzt und Werten zwischen 1 und 10 zugeordnet.

Basis ist die Zusammenarbeit im Team

Die Multiplikation der drei Werte ergibt die Risikoprioritätszahl (RPZ), deren relative Höhe Prioritäten für die Erarbeitung von Abstellmaßnahmen für einzelne Fehlerursachen anzeigt. Nach Abschätzung der Wirkung dieser Abstellmaßnahmen macht ein erneutes Berechnen der RPZ den potentiellen Erfolg oder Nichterfolg der Maßnahmen sichtbar.

Produktspezifische Lösungen

Die FMEA wird als Konstruktions-FMEA bei der Neuentwicklung und der Veränderung von Produkten, als System-FMEA bei der Auswahl und Gestaltung von Systemkomponenten und als Prozeß-FMEA bei der Gestaltung von Produktionsprozessen eingesetzt.

Konstruktions- und System-FMEA beziehen sich auf das Produkt. Umweltschädigende Wirkungen eines Produktes können als Folge eines Fehlers betrachtet werden, wenn z.B. erhöhter Treibstoffverbrauch und Emissionen eines Kraftfahrzeugs infolge falscher Einstellung des Zündzeitpunktes und des Gemisches zu einer Umweltbelastung führen, auch wenn damit keine Funktionsbeeinträchtigungen verbunden sind.

Prozeßspezifische Lösungen

Die Prozeß-FMEA wird zur Verringerung übermäßiger Umwelteinwirkungen des Produktionsprozesses (bei Energie-, Wasser-, Material- und Hilfsstoffverbrauch und Emissionen) genutzt. Unabhängig von der Vermeidung umweltrelevanter Störfälle fördert sie die Verbesserung des normalen Betriebszustandes unter Umweltaspekten.

3.2 Ökologische Komponenten im umfassenden Qualitätsmanagement

Methodische Zusammenhänge der FMEA-Arten

	Komponente/ Prozeß	Funktion/ Zweck	Fehler- auswirkung	Fehler- art	Fehler- ursache
System- FMEA	Zündverteiler	Spannungs- impulse verteilen	Kfz- Stillstand	Zündungs- ausfall	Schaft gerissen
Konstruktions- FMEA	Zündverteiler- läufer	Preßsitz auf Nockenwelle	Zündungs- ausfall	Schaft gerissen	Lunker
Prozeß- FMEA	Spritzgießen Zündverteiler- läufer	homogenes Gefüge gewährleisten	Schaft gerissen	Lunker	Nachdruck zu gering

Bild 3.4

Die FMEA ist ein Instrument, welches in allen Unternehmensbereichen durch vorbeugende Einschätzung des Risikos von Umwelteinwirkungen und Erarbeitung von Gegenmaßnahmen Problemfelder bereits vor der Aufnahme der Produktion verhindern kann. Da quantitative Daten nur für gezielte Fragestellungen und in begrenztem Umfang benötigt werden, ist die FMEA im Vergleich zu den Analyse-Instrumenten des Umweltmanagements wie der umweltrelevanten Betriebsbilanz, der Bewertung der ökologischen Qualität von Produkten, der Ökologischen Buchhaltung oder der Produktlinienanalyse weniger umfangreich. Diese Techniken werden vorwiegend im strategischen Bereich eingesetzt. Mit der FMEA werden durch das Auffinden kritischer, risikoreicher Produkt- und Prozeßmerkmale Schwerpunkte für Analysen vorgegeben.

Risiken aufspüren und bewerten

Während Konstruktions- und System-FMEA unverändert genutzt werden können (Einbeziehung der umweltrelevanten Fehler in den normalen Ablauf der FMEA), ist die Prozeß-FMEA für ein erweitertes Aufgabengebiet anzupassen. Hierzu entwickelte Tammler eine spezifische Vorgehensweise (TAMMLER).

Wesentliches Merkmal der „Umwelt-Prozeß-FMEA" ist die veränderte Ausrichtung der Bewertungskriterien. Fehlerauswirkungen sind hier vor allem die Umwelteinwirkungen, d.h. Belastungen durch den Energie-, Material- und Hilfsstoffeinsatz, Emissionen in Luft, Boden und Wasser oder als Lärm und Strahlung.

Quantifizierbare Grundlagen schaffen

Die Meß- und Quantifizierbarkeit der Umwelteinwirkung entspricht der Wahrscheinlichkeit der Fehlerentdeckung. Im Umweltbereich haben absolute Zahlen oftmals begrenzte Aussagekraft, z.B. beim Vergleich verschiedenartiger Einwirkungen wie CO_2-Emissionen und Wasserverbrauch. Hier sind daher Summen und Durchschnittswerte (z.B. der Energieverbrauch einer Anlage im Verhältnis zum Gesamtverbrauch eines Werkes oder zum Durchschnitt der gleichartigen Anlagen eines Werkes) mögliche Bezugsbasen.

Statistische Versuchsplanung nach Taguchi und Shainin (SVP)

Nutzen der Versuchsplanung

Mit Hilfe der Versuchsplanung wird bei der Gestaltung von Prozessen diejenige Kombination von Einstellungen der Prozeßparameter gefunden, die im Ergebnis die geringste Abweichung vom Sollwert bei den gefertigten Produkten aufweist. Insbesondere wird hiermit der Einfluß der sonst nur mit großem Aufwand veränderbaren Störgrößen (z.B. klimatische Fertigungsbedingungen) reduziert. Durch die von Taguchi und Shainin entwickelten Methoden kann die große Zahl von Versuchen der klassischen Versuchsplanung nach Fisher stark verringert werden.

Vorgehensweise nach Taguchi und Shainin

Nach Taguchi werden zunächst entscheidende Qualitätsmerkmale sowie Steuer- und Störgrößen des Prozesses im Team ermittelt. Das Signal-Rausch-Verhältnis wird als Verhältnis von Steuergrößen (Signal) zu Störgrößen (Rauschen) bestimmt. Je größer dieses Verhältnis, desto robuster ist der Prozeß gegenüber den Störgrößen. Anschließend wird ein Versuchsplan festgelegt, der auf sogenannten orthogonalen Feldern beruht. Mit einer verhältnismäßig kleinen Anzahl von Versuchen (unvollständiges Matrixexperiment) kann eine optimale Parameterkonstellation gefunden werden, die mit einem Bestätigungsexperiment auf die vorhergesagte Qualitätsverbesserung überprüft wird.

Bei Shainin werden die wichtigsten Einflußgrößen auf den Wert des Qualitätsmerkmals entweder mit einem paarweisen Vergleich, bei zerlegbaren Produkten mit einem Komponententausch oder einer Multi-Variations-Karte ermittelt. Durch Variation der Einstellungen der verbliebenen Einflußfaktoren wird deren Zahl weiter reduziert, bis höchstens vier übrigbleiben. Im anschließenden vollständigen Versuch werden die optimalen Einstellungen ermittelt und ebenfalls mit einem Bestätigungsexperiment abgesichert.

Robustheit der Prozesse bzgl. Umweltverträglichkeit bedeutet, daß die Einstellung der Prozeßparameter geringstmögliche Umwelteinwirkungen durch den Prozeß zur Folge hat. Diese Robustheit soll ohne Einbußen der Produktqualität erreicht werden. Beispielsweise sind Druck und Temperatur eines Spritzgießvorganges so einzustellen, daß sowohl die Gußqualität stabil und hoch als auch der Energie- und Betriebsmittelverbrauch niedrig ist.

Umweltverträglichkeit durch Versuchsplanung verbessern

Die Versuchsplanung kann bei der Neugestaltung von Prozessen und für die Verbesserung von Prozessen mit unverhältnismäßig hohen Umwelteinwirkungen (z.B. Energieverbrauch oder Emissionen, produzierte Menge [kg, Stück] im Verhältnis zu den Betriebsstoffen) eingesetzt werden.

Der Verfahrensablauf der Methoden nach Taguchi und Shainin wird unverändert übernommen. Die Umweltverträglichkeit eines Prozesses wird als Qualitätsmerkmal des Prozesses und des Produktes aufgefaßt.

Statistische Prozeßregelung (SPR)

Produktionsprozesse erzeugen Produkte mit einer Merkmalsstreuung, die auf zufällige Einflüsse zurückzuführen ist. Diese Einflüsse wirken sich auf die Streubreite aus. Für einen fähigen Prozeß muß das Verhältnis der Toleranz zur Standardabweichung einen Mindestwert überschreiten. Der Mittelwert der Fertigung kann durch systematische Einflüsse vom konstruktiv vorgegebenen Nennwert abweichen. In einem beherrschten Prozeß werden systematische Einflüsse abgestellt, so daß Mittelwert und Nennwert übereinstimmen.

Prozeßfähigkeit

Während die Prozeßfähigkeit das Langzeitverhalten eines Prozesses beschreibt, kennzeichnet die Maschinenfähigkeit die Wiederholgenauigkeit einer Anlage und damit das Kurzzeitverhalten. Ergebnisse der Untersuchungen von Maschinen- und Prozeßfähigkeit sind Maschinen- und Prozeßfähigkeitsindizes.

Maschinenfähigkeit

Mit Statistischer Prozeßregelung (SPR) werden mit Hilfe von Qualitätsregelkarten fähige Prozesse (Prozeßfähigkeitsindex p_c größer 1,67) überwacht. Der laufenden Fertigung werden in regelmäßigen Intervallen Stichproben entnommen, die Merkmale geprüft und die Werte in die Regelkarte eingetragen. Warn- und Eingriffsgrenzen zeigen Eingriffsnotwendigkeiten an. Verschiedene Kurvenverläufe verdeutlichen für die Prozeß- und Produktqualität nachteilige Prozeßveränderungen. Bei diesen Anzeichen muß zur Vermeidung von Ausschußteilen im weiteren Verlauf der Produktion die Ursache der Veränderungen ermittelt und beseitigt werden.

Umweltbelastung durch beherrschte Prozesse verringern

Fähige und beherrschte, mit SPR überwachte Prozesse zeichnen sich durch geringere Ausschuß- und Nacharbeitsmengen im Vergleich zu nicht fähigen und unbeherrschten Prozessen aus. Sie tragen damit zur Ressourcenschonung durch Einsparung von Material für den Ersatz fehlerhafter Teile bei. Ebenso werden Energie und Betriebsstoffe eingespart sowie Emissionen vermieden, die durch erneute Bearbeitung anfallen würden.

Eine weitergehende Anwendung von SPR im Umweltmanagement erfordert eine prozeßbezogene im Gegensatz zur vorherrschenden produktbezogenen Sichtweise. Im betrieblichen Umweltschutz ist die Lage des Mittelwertes einer Umwelteinwirkung eines Prozesses (z.B. des Energieverbrauchs oder der Emissionen) von entscheidender Bedeutung für die Umweltverträglichkeit. Die Senkung dieses Mittelwertes ist das Ziel.

Regelkarten für die Umweltverträglichkeit

Im Qualitätsbereich wird der Mittelwert konstruktiv durch den Nennwert vorgegeben. Der Nennwert ist ein unveränderliches Produktmerkmal. Die Streubreite der Verteilung soll verringert werden. Die Streubreite eines Prozeßmerkmals wie des Energieverbrauchs erscheint im Umweltbereich unbedeutend. Eine Betrachtung ist nur sinnvoll, wenn eine geringe Streubreite Voraussetzung für die angestrebte Absenkung des Mittelwertes ist. Die Trendbeobachtung ist als Aufgabengebiet der SPR im Umweltmanagement zu sehen.

Ein Eingriff in Prozesse ist vorzunehmen, wenn durch ansteigende Werte oder sogenannte Runs auf der Regelkarte der Trend zu einer steigenden Intensität der Umwelteinwirkung erkennbar wird. Die Definition einer Eingriffsgrenze ist nur für die Markierung eines Wertes sinnvoll, der direkte und massive Gefährdungen der Mitarbeiter und der Umwelt anzeigt. Für diese

Zwecke ist die Berechnung der Prozeßfähigkeitsindizes nicht erforderlich.

Die qualitätsbezogene Betrachtung beider Seiten um den Mittelwert ist im Umweltmanagement nicht notwendig. Wichtig ist hier nur die Beobachtung der Seite, die eine Erhöhung der Umwelteinwirkung anzeigt. Sollte sich für einzelne Prozesse die Beobachtung der Streuung der Einwirkungen als sinnvoll erweisen, kann der Prozeßfähigkeitsindex c_{pk} berechnet werden. Es ist zu beachten, daß dies nur gegen die obere Grenze erfolgen kann. Diese Grenze stellt den Maximalwert der Einwirkung dar.

Prozeßfähigkeitsindex für die Umwelteinwirkung

Qualitätszirkel (QZ)

Der Qualitätszirkel ist keine Qualitätstechnik im engeren Sinne. Eine kurze Darstellung erfolgt unter dem Gesichtspunkt, daß hier Qualitätstechniken wie die 7 elementaren Werkzeuge (Q7) besonders wirkungsvoll zur Verbesserung der Qualität der Prozesse, Produkte und der Arbeitsabläufe eingesetzt und der Teamgedanke als Grundlage ihrer Anwendung verwirklicht werden.

Qualitätszirkel sind Problemlösungsgruppen, denen die Erkenntnis zugrunde liegt, daß Probleme und Schwachstellen am besten am Ort ihres Auftretens erkannt und gelöst werden können. Der prozeßverantwortliche Mitarbeiter verfügt über die umfangreichsten Kenntnisse über den von ihm geführten Prozeß und ist somit zur Problemlösung gut geeignet. Ziele von Qualitätszirkeln sind die Verbesserung der betrieblichen Leistungsfähigkeit durch die Steigerung von Produktivität und Qualität, die Senkung der Produktionskosten sowie die Verbesserung der Arbeitszufriedenheit und Motivation.

Mitarbeiter in Problemlösungen einbeziehen

Die Problemlösung wird durch den Einsatz der elementaren Werkzeuge und in vielen Fällen der Management-Werkzeuge gefördert, das kreative Potential der Mitarbeiter besser genutzt. In Einzelfällen können Experten verschiedener Fachbereiche herangezogen oder die Problemlösung an interdisziplinäre Gruppen weitergegeben werden. Die Themen werden von den Teilnehmern vorgeschlagen und ausgewählt. Ein weiterer wichtiger Erfolgsfaktor ist die Unterstützung durch die Vorgesetzten und insbesondere durch die Unterneh-

Unterstützung durch die Führungsmannschaft ist erforderlich

mensleitung bei der Initiierung, Organisation und der Umsetzung von Ergebnissen.

Qualitätszirkel für Umweltthemen einsetzen

Qualitätszirkel können zur Lösung von Umweltproblemen und damit verbundenen Fragestellungen der Arbeitssicherheit und des Gesundheitsschutzes der Mitarbeiter eingesetzt werden.

Wichtige Voraussetzung bei der Erweiterung des Qualitätszirkelkonzeptes um Umweltthemen ist die Unterstützung und Bereitschaft des Managements zur Umsetzung der erarbeiteten Maßnahmen. Diese Bereitschaft kann gesteigert werden, wenn umweltbezogene Maßnahmen auch betriebswirtschaftlich und arbeitstechnisch positive Folgen haben (z.B. Material-, Hilfsstoff- und Energieeinsparung).

Elementare Werkzeuge (Q7)

Visualisierung und Analyse stehen im Vordergrund

Mit den Q7 werden vorwiegend Daten quantitativer Merkmale systematisch erfaßt und Ermittlungsergebnisse visualisiert und analysiert. Sie können unabhängig voneinander benutzt werden, sind aber kombiniert am wirksamsten. Sie unterstützen die Anwendung anderer Qualitätstechniken durch strukturierte Erhebung und Aufbereitung von Daten.

Die Q7 unterstützen auch im Umweltmanagement die Datensammlung und -auswertung, den Ideenfindungsprozeß und die Förderung der Kreativität bei der Suche nach Problemlösungen. Insbesondere bei der Anwendung der Umweltmanagementtechniken muß mit einer Fülle von Daten umgegangen werden.

Vorgehensmodell

Voraussetzung für die strukturierte Problemlösung ist ein systematisches Vorgehen. Kennzeichen sind die sequentielle Vorgehensweise und die Rückkopplung der einzelnen Schritte. Ein beispielhaftes Vorgehensmodell ist:

Systematisch vorgehen

- Problem erkennen,
- Ziel setzen,
- Problem-Analyse,
- Erarbeiten von Lösungsalternativen,
- Bewerten und Auswählen einer Lösung,
- Realisieren der Lösung,
- Laufendes Überprüfen und Verbessern der Lösung.

Aufnahmebögen

Mit Aufnahmebögen werden strukturiert Daten erfaßt. In Fehlersammelkarten werden z.B. Fehler gesammelt und mit Hilfe einer Strichliste in Fehlerklassen eingeordnet, mit Checklisten vorgegebene Merkmale auf Vorhandensein und Wert geprüft.

Histogramm

Im Histogramm werden Häufigkeitsverteilungen als Ergebnisse der Aufnahmebögen graphisch in Form von Säulendiagrammen über den Merkmalsklassen dargestellt.

Verteilungen grafisch darstellen

Korrelationsdiagramm

Mit dem Korrelationsdiagramm werden vermutete Zusammenhänge zwischen zwei Variablen untersucht.

Zusammenhänge aufzeigen

Paretodiagramm

Im Paretodiagramm werden einzelne Klassen des Histogramms nach ihrer relativen Bedeutung geordnet. Für die Bearbeitung von Problemen und Fehlern entstehen so Prioritätenlisten. Die Kategorisierung in drei Klassen führt zur Erweiterung der Paretoanalyse zur ABC-Analyse. Grundlage der Paretoanalyse im Qualitätsmanagement ist die Erkenntnis, daß rund 80% der tatsächlich auftretenden Fehler nur etwa 20% aller Fehlerarten zuzuordnen ist.

Auf das Wichtigste konzentrieren

Ursache-Wirkungs-Diagramm (Ishikawa-, Fischgrätendiagramm)

Mit dem Ursache-Wirkungs-Diagramm werden mögliche Problem- und Fehlerursachen gesammelt und strukturiert den Oberbegriffen Mensch, Maschine, Material und Methode zugeordnet.

Ursache und Wirkung abbilden

Qualitätsregelkarte

Qualitätsregelkarten werden zur Statistischen Prozeßregelung benutzt. Verschiedene Varianten beziehen sich auf quantitative und qualitative Merkmale bzw. Standardabweichung und Streubreite.

3.2.3
Historische Entwicklung der Standardisierung

Im Jahr 1987 wurde die international anerkannte Normenreihe DIN EN ISO 9000 ff. verabschiedet. Durch die 9000er-Reihe des Qualitätsmanagements wird versucht, mittels Festlegung von formalen Richtlinien die Ideen

Qualitätsmanagement-Norm ist die Grundlage

der Qualitätssicherung umzusetzen. Bei der Weiterentwicklung zum umfassenden Qualitätsmanagement sollte der Prozeß der kontinuierlichen Verbesserung aller innerbetrieblichen Aktivitäten eingeleitet werden. Im folgenden war es ein Ziel, diesen Grundgedanken auf den betrieblichen Umweltschutz zu übertragen.

Großbritannien wird als Vorreiter der Standardisierungsbestrebungen für Umweltmanagementsysteme bezeichnet. Hier wurde 1992 die erste anerkannte „Umweltnorm", der British Standard (BS) 7750 „Specification for Environmental Management Systems", vorgestellt (BRITISH STANDARDS INSTITUTE).

Erste anerkannte „Umweltnorm"

Bereits in den achtziger Jahren hatten britische Unternehmen damit begonnen, Umweltmanagementsysteme aufzubauen. Anfänglich vollzog sich dies vor allem, um eine Verbesserung des Umweltimages ihres Unternehmens zu erreichen. Dazu wurden, zunächst noch ohne normative Grundlage, die Strukturen von Umweltmanagementsystemen entwickelt und wertvolle Erfahrungen gesammelt. Aufgrund einer Initiative des British Standard Institute (BSI) erfolgte, aufbauend auf den vorliegenden Erfahrungen und dem BS 5750 über Qualitätssicherungssysteme, die Entwicklung des BS 7750 für Umweltmanagementsysteme. Da das BSI aufgrund der Kooperationsbereitschaft auf diesem Gebiet frühzeitig Kenntnis von den Plänen der Kommission des Europäischen Rates zur Entwicklung einer Verordnung über Umweltmanagementsysteme hatte, konnte der BS 7750 von Beginn an auf die Anforderungen der zukünftigen Verordnung (EWG) Nr. 1836/93 ausgerichtet werden.

Wichtige praktische Erfahrungen fließen in die Normenarbeit

„*Diese Norm wurde als Ergänzung des Entwurfs der EG-Öko-Auditverordnung erstellt und dient insbesondere dazu, die Forderungen an ein Umweltmanagementsystem als Basis für eine Registrierung im Rahmen der endgültigen Verordnung festzulegen.*" (BRITISH STANDARD INSTITUTE, Anhang C)

Die Erarbeitung dieser Verordnung selbst geht auf das vierte Umweltaktionsprogramm der Europäischen Gemeinschaft (1987-1992) zurück (FICHTER, S.23) und erfolgte in der Anfangsphase unter einem starken britischen Einfluß, weshalb Verordnung und BS 7750 große Gemeinsamkeiten aufweisen. Beide Regelwerke dienen der Installation von Umweltmanagementsystemen mit folgenden Zielsetzungen:

EMAS und BS 7750 haben große Gemeinsamkeiten

- kontinuierliche Weiterentwicklung des betrieblichen Umweltschutzes,
- Einhaltung aller rechtlichen Vorgaben und Vorschriften.

Die dabei an das Umweltmanagementsystem gestellten Anforderungen sind im Grundsatz identisch.

Deutschland beteiligte sich erst seit den Vorbereitungen der Vereinten Nationen (UN) zum Umweltgipfel 1992 in Rio de Janeiro an den Standardisierungsbestrebungen. In diesem Zusammenhang wurde der Arbeitskreis AK-10 „Qualitätsmanagement Umwelt" im Normungsausschuß „Qualitätsmanagement, Statistik und Zertifizierung" (NQSZ-1) am 23. Juni 1992 gegründet. Der NQSZ ist ein Gremium des Deutschen Instituts für Normung (DIN). Hier werden in Arbeitskreisen verschiedene Themen aus dem Gebiet Qualitätssicherung und -management bearbeitet. Die Aufgabe des AK-10 bestand darin, zu prüfen, inwieweit sich die Normenreihe DIN EN ISO 9000 ff. des Qualitätsmanagements eignet, ein Umweltmanagementsystem zu organisieren. Das Ergebnis dieser Arbeit ist die Erweiterung der DIN EN ISO 9001 um umweltspezifische Aspekte. Im Oktober 1994 wurde als Abschluß dieser Arbeit die DGQ-Schrift 100-21 veröffentlicht. Diese Veröffentlichung ist auf die starke Präsenz von DQS-Vertretern im AK-10 zurückzuführen und aufgrund der Verbindung zwischen DQS und DGQ in der DGQ-Schriftenreihe erschienen.

DIN-Gremium prüft Anwendbarkeit der Qualitätsmanagement-Norm

Parallel zur Gründung des AK-10 im NQSZ-1 wurde zwischen dem DIN und dem Bundesumweltministerium (BMU) eine Zusammenarbeit auf dem Gebiet des Umweltmanagements vereinbart. Als Reaktion auf die Einrichtung des Technischen Komitees (TC 207, TC für Umweltmanagementsysteme) durch die ISO erfolgte im Dezember 1992 die Gründung des „Normungsausschusses Grundlagen des Umweltschutzes" (NAGUS) per Vertrag zwischen dem DIN und dem BMU. Dieser Normungsausschuß spiegelt die Struktur des ISO/TC 207 mit seinen Subcommittees (SC) auf nationaler Ebene wider und ist das zuständige Gremium des DIN für die Normung von fachgebietsübergreifenden Grundlagen des Umweltschutzes auf nationaler, europäischer und internationaler Ebene. Da nach Auffassung des NQSZ-Beirats auch der NQSZ-1 AK-10 „Qualitätsmana-

Normenausschuß für Umweltschutz wird ins Leben gerufen

gement Umwelt" sich für dieses Thema verantwortlich sah, wurde durch die Mitglieder des NQSZ-1 AK-10 vorgeschlagen, einen gemeinsamen Arbeitsausschuß zu bilden, um Doppelarbeit von vornherein zu vermeiden. Dieser Vorschlag wurde durch den NAGUS abgelehnt, da nach dessen Auffassung der NQSZ-1 AK-10 dem Qualitätsaspekt eine zu große Bedeutung beimißt. Die Industrievertreter hatten großes Interesse an einer Mitarbeit im NAGUS, insbesondere im Arbeitsauschuß AA 2 „Umweltmanagement/Umweltaudit". Darin fanden die Mitglieder des NQSZ kaum Berücksichtigung, so daß es zu keiner offiziellen Zusammenarbeit zwischen dem NQSZ und dem NAGUS kam. Die Folge dieser Entwicklung war eine Mitarbeiterquotierung verschiedener Interessengruppen bei der Ausschußgründung.

Die Industrie ist gut vertreten

Den Mitgliedern des AA 2 „Umweltmanagement/ Umweltaudit" wurden durch die Vertreter des NQSZ die Arbeitsergebnisse des AK-10 zur Verfügung gestellt. Aufgrund konkurrierender Interessen, der NQSZ bestand vorwiegend aus Vertretern des Qualitätsmanagements, wogegen im NAGUS vor allem betriebliche Umweltmanager und Umweltberater vertreten sind, konnte kein Konsens über die Integration des Umweltmanagements in das Qualitätsmanagement erzielt werden. Dies führte zur Ablehnung der Arbeitspapiere des AK-10 sowie der DGQ-Schrift 100-21 als Grundlagendokumente und zur Erarbeitung des Positionspapiers „Umweltmanagementsysteme - Deutscher Beitrag zur internationalen Normung - Positionspapier" (DEUTSCHES INSTITUT FÜR NORMUNG (1994)).

Konsens konnte nicht erzielt werden

Dieses Arbeitspapier ist im wesentlichen eine Weiterentwicklung des British Standard 7750 zur Berücksichtigung aller Anforderungen an ein Umweltmanagementsystem, die sich aus der Verordnung (EWG) Nr. 1836/93 ergeben. Im August 1994 wurde dieses Dokument als DIN-Fachbericht 45 veröffentlicht und diente dazu, die deutschen Positionen möglichst wirkungsvoll in die internationale Normungsarbeit des ISO/TC 207 einzubringen.

Die intensiven Bemühungen europäischer Staaten, insbesondere Großbritanniens, ihre nationalen Normen zum Umweltmanagement entsprechend dem Artikel 19 der Verordnung (EWG) Nr. 1836/93 anerkennen zu lassen, veranlaßten den Beirat des NAGUS, den Status des DIN-Fachberichts 45 zu ändern. Daraufhin wurde dieser im Februar 1995 nach Änderung des Vorwortes als DIN Vornorm 33921 „Umweltmanagementsysteme - Anforderungen für die Entwicklung, Einführung und Aufrechterhaltung" veröffentlicht (DEUTSCHES INSTITUT FÜR NORMUNG (1995)).

Vor allem innerhalb Europas entstand aufgrund des zusammenwachsenden Europäischen Binnenmarktes ein großer Bedarf an einheitlichen Normen. Das hierfür auf europäischer Ebene zuständige Gremium ist das Europäische Komitee für Normung (CEN).

Die europäische Normungsebene

1990 erteilte die Kommission der Europäischen Union dem CEN das Mandat zur Erarbeitung einer Europäischen Norm für Umweltmanagementsysteme, mit der sich die in der Verordnung (EWG) Nr. 1836/93 festgelegten Forderungen erfüllen lassen. Daraufhin wurde im Februar-April 1991 innerhalb des bereits 1989 eingerichteten CEN/TSB 3 „Gesundheitsfürsorge und Umwelt" eine Ad-hoc-Gruppe „Umwelt" gebildet. Diese hatte die Aufgabe, ein CEN-Programm zur umweltspezifischen Normung zu entwickeln. Da jedoch im Rahmen der am 16. August 1991 gebildeten ISO/SAGE (International Organization for Standardization/Strategic Advisory Group on Environment) bereits Aktivitäten im Bereich ökologische Bilanzprüfung und umweltspezifische Managementsysteme angelaufen waren, beschränkte das CEN seine Verantwortung auf eine aktive Teilnahme und Mitarbeit seiner Mitglieder bei den ISO-Arbeiten.

CEN-Gremien grenzen ihre Aktivitäten ein

Mit der Resolution 29/95 vom 22. März 1995 bzgl. Umweltmanagementsystemen, Umweltaudit und Qualifikationskriterien für Umweltauditoren hatte das Technical Board des CEN dieses Thema als Normungsthema akzeptiert (DEUTSCHES INSTITUT FÜR NORMUNG, NAGUS (1994), S.7). Dies hatte zur Folge, daß entsprechend dem „Stillhalteabkommen" zwischen den CEN-Mitgliedern kein EU- bzw. EFTA-Staat eine eigene Norm in diesem Bereich entwickeln darf, weshalb auch durch den NAGUS AA 2 die Normungsaktivitäten nicht weiterbetrieben wurden.

Gleichzeitig legte das CEN mit der Resulotion 29/95 fest, daß das Thema Umweltmanagementsysteme im Rahmen des „Wiener Abkommens" zu behandeln ist. Das heißt, daß die Federführung für die Erarbeitung von Umweltmanagementnormen bei den ISO-Gremien liegt und internationale Normenentwürfe gleichzeitig

Die ISO-Gremien sind federführend

als europäische Normenentwürfe angesehen werden. Für diese besteht innerhalb der EU eine Veröffentlichungspflicht. Die Übernahme der internationalen Norm in das europäische Normenwerk kann jedoch nur erfolgen, wenn diese das Mandat der Europäischen Kommission und die Anforderungen der Verordnung (EWG) Nr. 1836/93 erfüllt.

Am 16. August 1991 wurde von der ISO die SAGE gegründet und ihr folgende Aufgaben übertragen:

- Ermittlung des Bedarfs für einen internationalen Standard für Schlüsselelemente des Konzepts von „Sustainable Industrial Development",
- Erarbeitung von Vorschlägen und Empfehlungen für eine übergeordnete, strategische Planung der ISO auf dem Gebiet des Umweltschutzverhaltens und des Umweltschutzmanagements.

ISO-Arbeitsgruppe zum Umweltmanagement

Auf Empfehlung des ISO/SAGE wurde im Juni 1993 das Technical comittee (TC) 207 „Environmental management" eingerichtet, das in folgende Subcomittees (SC) gegliedert ist (DEUTSCHES INSTITUT FÜR NORMUNG, NQSZ-1):

- Environmental management,
- Environmental auditing,
- Environmental labelling,
- Environmental performance evaluation,
- Life cycle analysis,
- Definition.

Empfehlungen für die Zusammenführung wurde nicht nachgekommen

Analog zur Auseinandersetzung zwischen dem NQSZ-1 und dem NAGUS über die Integration bzw. Anlehnung des Umweltmanagements an das Qualitätsmanagement erfolgten Diskussionen zwischen dem ISO/TC 207 und dem ISO/TC 176, dem für Normung im Qualitätsbereich zuständigen ISO-Gremium. Insbesondere durch den ISO/TC 176 wurde darauf gedrängt, die Normungsaktivitäten zu Qualitäts- und Umweltmanagementsystemen nicht zu trennen (PETRICK, EGGERT, S.41). Dieser Forderung wurde jedoch nicht nachgekommen. Auf einem Koordinationstreffen am 3. und 4. Juni 1993 in Toronto trafen die Vertreter des ISO/TC 207 und ISO/TC 176 folgende zukunftsweisende und strategische Vereinbarungen:

- getrennte Arbeit bei der Normung von Umwelt- und Qualitätsmanagementsystemen,
- spätere Zusammenarbeit im Bereich der Entwicklung einer Norm für ein Generic Management System.

Dieser Umstand führte zu einer Trennung der Normungstätigkeiten von Qualitäts- und Umweltmanagementsystemen und damit zur Entwicklung einer eigenen Normenreihe für Umweltmanagementsysteme. Dokumentiert wird diese Vorgehensweise in der Gliederung des Normentwurfs ISO/DIS 14001 vom Februar 1995, die nur grob an der Struktur der DIN EN ISO 9001 für Qualitätsmanagementsysteme ausgerichtet ist.

Grundstein der DIN EN ISO 14000 ff.

Nachdem auf mehreren Treffen der Subcommittees in London (Dezember 93), Paris (Februar 94) und Brisbane (Mai 94) Einigkeit bei den größten Unterschieden erlangt werden konnte, erhielt der Entwurf der ISO 14000 ff. im Oktober 1995 den Status eines „Draft International Standard" (DIS) (KOCH, S.40f.).

Das Ziel der europäischen Normungsbestrebungen durch den CEN lag darin, den Normentwurf der ISO 14001 ff. nach Artikel 19 der Verordnung auszurichten. Hiernach können einzelstaatliche bzw. internationale Normen zu Umweltmanagementsystemen im Rahmen von Artikel 19 der Verordnung anerkannt werden. Da dies in der vorliegenden Fassung nicht gegeben ist, erarbeitete das CEN ein Brückendokument, das die in der ISO 14001 fehlenden Forderungen der Verordnung berücksichtigt.

Auf der Februar-Sitzung 1996 der Kommission der Europäischen Gemeinschaften wurden bereits folgende nationalen Normen nach Artikel 19 der Verordnung (EWG) Nr. 1836/93 anerkannt:

- Britisch Standard Institution (BSI): British Standard 7750 - Specification for Environmental Management,
- Association Francaise de normalisation (AFNOR): French Standard - Environmental Management Systems,
- The National Standards Authority of Ireland (NSAI): Ireland Standard,
- Spanish Standard.

Im EMAS anerkannte Normen zum Umweltmanagement

Die ISO richtet derzeit ein TC zur Erarbeitunng einer „Health and Safety-Norm" ein. Diese Norm soll kom-

Normung wird weiter ausgedehnt

patibel zu den Normen des Qualitätsmanagements (DIN EN ISO 9000 ff.) und des Umweltmanagementsystems (DIN EN ISO 14000 ff.) ausgerichtet werden.

Bis 1998 soll von der Europäischen Kommission eine Überprüfung der Verordnung (EWG) Nr. 1836/93 bezüglich der praktischen Anwendung durchgeführt werden. Dabei sollen die vorliegenden Erfahrungen bei der Durchführung des Gemeinschaftssystems berücksichtigt werden (RAT DER EUROPÄISCHEN GEMEINSCHAFTEN, Art. 20). Es bleibt abzuwarten, ob die Bundesregierung die Neuauflage der Verordnung (EWG) Nr. 1836/93 zum Anlaß nimmt, die Freiwilligkeit der Teilnahme am Gemeinschaftssystem in eine Pflicht zu überführen. Dabei könnte eine Ausrichtung an der Vorgehensweise in den Niederlanden stattfinden, deren Regierung klargestellt hat, daß sie bei mangelndem Engagement der Unternehmen entsprechende Vorschriften erlassen werde.

Wenn EMAS zur Pflichtübung wird

In der Tabelle 3.1 ist der chronologische Ablauf der wichtigsten Aktivitäten zu Standardisierungsbestrebungen aufgezeigt.

Tabelle 3.1. Zeitlicher Ablauf der Standardisierungsbestrebungen von Umweltmanagementsystemen

Datum	Aktion
1987	Norm für Qualitätsmanagementsysteme (DIN ISO 9000ff.)
7. Juni 1990	"Directive on the freedom of access to information on the environment" der EG
Februar-April 1991	Ad-hoc-Gruppe "Umwelt" des Technischen Büros des CEN (erarbeitet Empfehlungen an das CEN auf dem Gebiet des Umweltmanagements)
16. April 1992	Inkraftsetzung des British Standard BS 7750 "Specification for Environmental management systems" in Großbritannien
23. Juni 1992	Bildung des Arbeitskreises (AK) 10 "Umwelt" im Normungsausschuß "Qualitätsmanagement, Statistik und Zertifizierungsgrundlagen" (NQSZ-1 AK 10)
22. Oktober 1992	Vereinbarung zwischen dem DIN und dem BMU über eine Zusammenarbeit auf dem Gebiet des Umweltmanagements
Dezember 1992	Gründung des Normungsausschusses "Grundlagen des Umweltschutzes" (NAGUS) als Ergebnis eines Vertrages zwischen dem DIN und dem Bundesumweltministerium
Januar 1993	Empfehlung der ISO/SAGE an die ISO zur Gründung eines eigenen TC "Environmental management"
15. Februar 1993	Beschluß zur Gründung des Arbeitsausschusses 2 "Umweltmanagementsysteme/Umweltaudit" durch den Beirat des NAGUS
23. März 1993	Verabschiedung des Entwurfs zur Verordnung (EWG) Nr. 1836/93
31. März 1993	1. Sitzung des NQSZ-1 AK 10 "Qualitätsmanagement - Umwelt"
5. Mai 1993	konstituierende Sitzung des AK 2 "Umweltmanagementsysteme/ Umweltaudit"

3.2 Ökologische Komponenten im umfassenden Qualitätsmanagement 81

Datum	Aktion
2./3. Juni 1993	1. Sitzung des ISO/TC 207 "Environmental management"
29. Juni 1993	Inkraftsetzung der Verordnung (EWG) Nr. 1836/93
4. Oktober 1993	1. Arbeitssitzung der Arbeitsgruppe „Qualitätsmanagement im Umweltschutz und Umweltbetriebsprüfung" (AG 400)
28./29. Oktober 1993	1. konstituierende Sitzung des ISO/TC 207 SC 1 und SC 2 in Amsterdam zur Einrichtung von Working groups
8./9. Dezember 1993	Sitzung des ISO/TC 207 in London zur Erarbeitung eines EMS-Entwurfs ("strawman") innnerhalb einer task force
2. Januar 1994	2. Auflage des BS 7750
1./2. Februar 1994	Sitzung des ISO/TC 207 in Paris
7.-15. März 1994	Sitzung der Working groups zu den ISO/TC 207 SC 1 und 2 in Toronto zur Verabschiedung eines "First preliminary draft"
8.-13. Mai 1994	Sitzung des gesamten ISO/TC 207 in Brisbane
August 1994	Veröffentlichung eines Positionspapiers des NAGUS zur internationalen Normung von Umweltmanagementsystemen DIN Fachbericht 45
Oktober 1994	Veröffentlichung der DGQ-Schrift 100-21
Februar 1995	Ausgabe der DIN V 33921
Februar 1995	ISO 14000 ff. als "Committee Draft" (CD)
10. April 1995	Umsetzung der Verordnung (EWG) Nr. 1836/93 in der Bundesrepublik Deutschland
Oktober 1995	ISO 14000 ff. erhält den Status eines „Draft International Standard" (DIS)
Februar 1996	Anerkennung der britischen, spanischen, irischen und französischen Normen zu Umweltmanagementsystemen im Rahmen der Verordnung (EWG) Nr. 1836/93; Art. 12 bzw. Art. 19
März 1996	Interne Vorlage des DGQ-Bandes 19-41 (als Arbeitsergebnis der AG 400)
Herbst 1996	Verabschiedung der ISO 14000 ff.
Herbst 1996	AG 400 setzt Arbeit fort, neues Thema: „Prozeßdenken im Umweltmanagement""
Februar 1997	1. Arbeitssitzung der Arbeitsgruppe „Integration unternehmerischer Funktionen in ein allgemeines Managementsystem" (AG 120)
April 1997	Anerkennung der ISO 14001 im Rahmen des §19 EMAS als Normenstandard für Umweltmanagementsysteme
Frühjahr 1997	Arbeitsgruppe im DIN zur Weiterentwicklung von Managementsystemen

Literatur

ADAMS, H.-W.: Integriertes Managementsystem für Sicherheit und Umweltschutz, Generic Management System, München, Wien: Carl Hanser Verlag, 1995

BLÄSING, J.P.:Total Quality Management, Philosopie und Praxis qualitätsorientierter Führungsstrukturen, Qualitätsleiter-Forum, Ulm 1990

BLÄSING, J.P. (HRSG.): Umweltmanagement, Qualitätsmanagement, Analogien und Synergien, Umsetzen der Ökoaudit-Verordnung (EWG) Nr. 1836/93 in der Praxis, Ulm: TQU Verlag, 1995

BRITISH STANDARDS INSTITUTE, BSI (HRSG.): Spezifikation für Umweltmanagementsysteme nach BS 7750, D/E, Bericht der 49. Sitzung 1993, NQSZ-Arbeitsunterlage, Berlin 1993

DEMING, W.: Out of the Crisis, 2. Auflage, Cambridge: Massachusetts Institute of Technology Press, 1986

DEUTSCHES INSTITUT FÜR NORMUNG (HRSG.): DIN 33921, Deutsche Vornorm zu Umweltmanagementsystemen, Berlin: Beuth-Verlag, 1995

DEUTSCHES INSTITUT FÜR NORMUNG (HRSG.): DIN-Fachbericht 45, Umweltmanagementsysteme, Berlin: Beuth-Verlag, 1994

Deutsches Institut für Normung, Normenausschuß Grundlagen des Umweltschutzes (NAGUS) (Hrsg.): Jahresbericht 1994

DEUTSCHES INSTITUT FÜR NORMUNG, NQSZ-1 (HRSG.): Protokoll der 2. Sitzung am 17.06.93, Köln 1993

FEIGENBAUM, A.V.: Total Quality Control, New York: McGraw-Hill Book Company, 1986

FLEISCHER, G.: Produktionsintegrierter Umweltschutz, Berlin: EF-Verlag für Energie- und Umwelttechnik, 1994

HANSEN, W., JANSEN, H.H., KAMISKE, G.F. (HRSG.): Qualitätsmanagement im Unternehmen, Grundlagen, Methoden und Werkzeuge, Praxisbeispiele, Loseblattwerk, Sektion 10: Qualität und Umwelt, Berlin, Heidelberg: Springer-Verlag

JURAN, J.M.: Quality Control Handbook, 4. Auflage, New York: McGraw-Hill Book Company, 1988

KAMISKE, G.F. (HRSG.): Die Hohe Schule des Total Quality Management, Berlin, Heidelberg, New York: Springer-Verlag, 1994

PETRICK, K., EGGERT, R.: Umwelt- und Qualitätsmanagementsysteme, Eine gemeinsame Herausforderung, München, Wien: Carl Hanser Verlag, 1995

RAT DER EUROPÄISCHEN GEMEINSCHAFTEN (HRSG.): Verordnung (EWG) Nr. 1836/93 des Rates vom 19. Juni 1993 über die freiwillige Beteiligung gewerblicher Unternehmen an einem Gemeinschaftssystem für das Umweltmanagement und die Umweltbetriebsprüfung, Amtsblatt der Europäischen Gemeinschaften Nr. L 168 vom 10.07.1993, Berlin: Beuth Verlag, 1993

TAGUCHI, G.: Introduction to Quality Engineering. Designing Quality into Products and Processes, American Supplier Institute (ASI), Dearborn: ASI-Press, 1986

4 Integrationsmöglichkeiten von Qualitäts- und Umweltmanagementsystemen

In den aufgezeigten Modellen werden verschiedene Vorgehensweisen vorgeschlagen, wie auf Unternehmensebene die Strukturmodelle (z.B. DIN EN ISO 9001, DIN EN ISO 14001) für Qualitäts- und Umweltmanagement verzahnt werden können.

Verschiedene Wege zur Integration

Bei der Entwicklung des Umweltmanagementsystems unter Qualitätsaspekten wurde das summarische Modell (Variante 2) erfolgreich in das bestehende Managementkonzept der Fa. Ritter GmbH integriert und auf dieser Grundlage das Umweltmanagementhandbuch entwickelt.

4.1 Summarisches Integrationsmodell

Grundlage des summarischen Modells ist das Qualitätsmanagementsystem nach DIN EN ISO 9001 bzw. DIN EN ISO 9004-1. Die Bezeichnung „summarisch" wird hier im Sinne von Hinzufügen verstanden. Bei diesem Ansatz wird das vorhandene Qualitätsmanagementsystem um weitere Managementaspekte, wie z.B. betrieblichen Umweltschutz oder Arbeitssicherheit, ergänzt. Hierfür wird jeweils ein eigenes Element eingeführt. Im Element „Umweltschutz" werden alle Festlegungen des Unternehmens, die bzgl. der Organisation des betrieblichen Umweltschutzes getroffen und dokumentiert werden, aufgeführt. Dieses Modell ist vor allem in Unternehmen sinnvoll, die bereits ein Qualitätsmanagementsystem auf der oben genannten Grundlage implementiert haben und ohne größere Änderung des bisherigen Systems umweltrelevante Aspekte ihrer Tätigkeiten berücksichtigen wollen. Hierfür werden die folgenden vier Varianten dargestellt:

Umweltschutz und Arbeitssicherheit in eigenen Elementen beschreiben

Vier Varianten zur Integration

1. Umweltspezifische Aspekte werden unter der Verwendung der 20 Elemente des Qualitätsmanagementsystems nach DIN EN ISO 9001 betrachtet und dokumentiert.
2. Umweltspezifische Aspekte werden unter Anwendung einer anerkannten Umweltmanagementnorm (z.B. BS 7750, DIN EN ISO 14001) betrachtet und dokumentiert.
3. Es erfolgt eine umweltmedienorientierte Untersuchung (z.B. Luft, Wasser, Boden) aller Unternehmenstätigkeiten und ihre Darlegung im entsprechenden Element des Qualitätsmanagementhandbuchs.
4. Ausrichtung an der Gliederung des Anhangs I der Verordnung (EWG) Nr. 1836/93 als Gestaltungsgrundlage für das Element „Umweltschutz".

Das Qualitätsmanagementsystem bleibt erhalten

Auf diese Weise kann ein bestehendes Qualitätsmanagementsystem um verschiedene Managementaspekte ergänzt werden, ohne den bisherigen Systemaufbau grundlegend zu verändern. Innerhalb des Elementes „Umweltschutz" erfolgt dann die Betrachtung der Unternehmenstätigkeiten von einem umweltspezifischen Standpunkt aus, Qualitätsaspekte werden dabei nur sekundär berücksichtigt.

Dieses Modell ermöglicht eine getrennte oder zusammengeführte Erstellung von Managementhandbüchern. Die Entscheidung hierüber hängt vom Umfang der umweltrelevanten Risiken des Unternehmens ab. Für Unternehmen mit größeren Qualitäts- als Umweltrisiken und umgekehrt ist der Aufbau getrennter Dokumentationssysteme (Handbücher) vorteilhafter, denn

Der jeweils dominierende Aspekt wird betont

dadurch kann die Bedeutung des jeweils dominierenden Aspektes stärker hervorgehoben werden.

Ist dagegen aufgrund der zu beachtenden Rahmenbedingungen wie Produktpalette und Produktionsweisen eine getrennte Behandlung von qualitäts- und umweltspezifischen Aspekten nicht sinnvoll, kann die Darlegung des Managementsystems in einem gemeinsamen Handbuch, z.B. auf der Grundlage der 1. Variante des summarischen Konzeptes, erfolgen.

Verordnung und Norm kombinieren

Aufgrund der im Vergleich zur Verordnung (EWG) Nr. 1836/93 übersichtlicheren Struktur der DIN EN ISO 14001 wurde das Handbuch im Fallbeispiel in Anlehnung an diese Norm gegliedert (siehe Kap. 5). Ein Ziel in diesem Projekt war es, durch einen geeigneten Aufbau des Umweltmanagementsystems dem Unternehmen die Zertifizierung nach DIN EN ISO 14001 und die Teilnahme am Gemeinschaftssystem der Verordnung zu ermöglichen. Dazu mußten die weitergehenden Anforderungen der Verordnung (EWG) Nr. 1836/93 berücksichtigt und das Umwelthandbuch entsprechend ergänzt werden. Dies gilt insbesondere für die Berücksichtigung der „Guten Managementpraktiken" und der Erstellung einer Umwelterklärung.

4.2
Adaptives Integrationsmodell

Im Zusammenhang mit Integrationsmodellen für Managementsysteme wird der Begriff „Adaption" im Sinne von Eingliedern und Erweitern verstanden. Das adaptive Modell basiert ebenso wie das summarische auf der DIN EN ISO 9001 für Qualitätsmanagementsysteme. Adaption bedeutet Anpassung, und im Rahmen dieser Darstellung ist es der Versuch, die Struktur eines Qualitätsmanagementsystems nach DIN EN ISO 9001 so zu gestalten, daß alle umweltspezifischen Aspekte der Unternehmenstätigkeiten berücksichtigt werden.

Umweltspezifische Aspekte werden direkt in den Elementen beschrieben

Einerseits wird die DIN EN ISO 9001 zum Aufbau eines eigenständigen Umweltmanagementsystems verwendet (siehe Variante 1 des summarischen Modells) und andererseits als Grundlage zum Aufbau eines gemeinsamen Qualitäts- und Umweltmanagementsystems.

Variante 1:

Adaption des Qualitätsmanagementsystems nach DIN EN ISO 9001 zum Aufbau eines eigenständigen Umweltmanagementsystems mit ähnlicher Struktur und Begriffswelt sowie die Darlegung des Umweltmanagementsystems in einem separaten Umweltmanagementhandbuch. Dazu müssen Qualitäts- und Umweltmanagement auf verschiedenen Ebenen zusammengeführt und in ein umfassendes Management integriert werden:

9001 als Basis für ein eigenständiges System

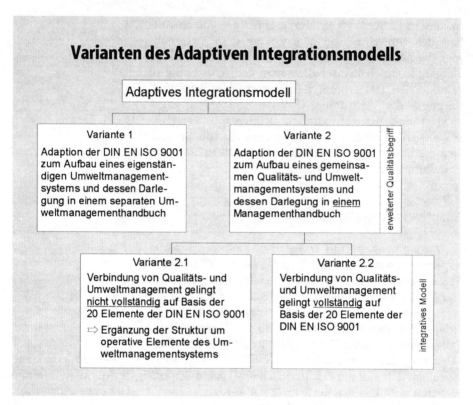

Bild 4.1

a) Normative Ebene: Eingliederung von Qualitäts- und Umweltpolitik in die Unternehmenspolitik
b) Strategische Ebene: Einbeziehung von Qualitäts- und Umweltprogrammen sowie -managementsystemen
c) Operative Ebene: Regelung von Prozessen und Anweisungen zur Umsetzung der Unternehmensstrategien

Auf der operativen Ebene kommt dieses adaptive Modell zum Tragen. Hier sind die Handbücher der Managementsysteme angesiedelt. Danach erfolgt die Darlegung des Umweltmanagementsystems in Anlehnung an die Struktur der DIN EN ISO 9001 für Qualitätsmanagementsysteme. Änderungen dieser Struktur werden vor allem zur stärkeren Betonung der Bedeutung umweltrechtlicher Grundlagen sowie von Forschung und Entwicklung (nach DIN EN ISO 9001 Designlenkung)

Begrenzte Änderungen durch umweltrelevante Gegebenheiten

vorgenommen. Sind bestimmte Prozesse bereits durch das Qualitätsmanagementsystem geregelt, so wird im Umwelthandbuch auf diese Bezug genommen und verwiesen.

In den Ausführungen zum summarischen Modell wurde auf die Erstellung von getrennten und gemeinsamen Managementhandbüchern eingegangen. Danach hängt diese Vorgehensweise sehr stark vom Charakter der jeweiligen hergestellten Produkte sowie von den Prozessen ab. Diese Ausführungen gelten auch für die hier beschriebene Ausprägung des adaptiven Modells. So wurde beispielsweise in einem Pilotprojekt ein Umweltmanagementsystem auf der Grundlage der Struktur des bereits vorhandenen Qualitätsmanagementsystems nach DIN EN ISO 9002 entwickelt. Die Darlegung des Systems erfolgte jedoch in einem getrennten Handbuch einschließlich entsprechender Verfahrens- und Arbeitsanweisungen. Durch die Strukturierung und Dokumentation nach DIN EN ISO 9002 und 9004-1 konnte die Möglichkeit zur späteren Integration der Managementsysteme offengehalten, aber bereits eine enge Verbindung zwischen ihnen hergestellt werden. In diesem Pilotprojekt wurden darüber hinaus auch Aspekte des Arbeitsschutzes und der Werksicherheit berücksichtigt. Zwischen dieser Form des adaptiven und dem summarischen Modell bestehen Gemeinsamkeiten.

Das Dokumentationssystem flexibel gestalten

Variante 2:

Adaption des Qualitätsmanagementsystems nach DIN EN ISO 9001 zur direkten Verknüpfung von Qualitäts- und Umweltmanagementsystemen sowie die Darlegung des gemeinsamen Managementsystems in einem Handbuch.

Darlegung in einem gemeinsamen Handbuch

Der Zusammenführung von Qualitäts- und Umweltmanagement liegt ein neues, erweitertes Verständnis für den Qualitätsbegriff zugrunde (siehe Kap. 3.1). Infolge dieser Sichtweise wird als Kunde eines Unternehmens nicht nur die Person/Organisation gesehen, die Abnehmer eines Angebotsproduktes ist, sondern die gesamte Gesellschaft. Die Gesellschaft umfaßt nach dieser Auffassung die Öffentlichkeit, Kunden, Lieferanten, Mitarbeiter, Banken, Versicherungen und staatliche Stellen. Diese haben ein spezifisches Interesse am Um-

Der erweiterte Qualitätsbegriff bildet die Basis

gang mit unerwünschten Nebenprodukten des Unternehmens. Hierbei werden unter der Bezeichnung „unerwünschte Nebenprodukte" alle Emissionen sowie Wert- und Abfallstoffe verstanden, die im Herstellungsprozeß entstehen und in irgendeiner Weise aus dem System Unternehmen in die Systemumwelt eingeführt werden. Auf der Grundlage des erweiterten Qualitätsbegriffs im Sinne der Kundenorientierung und damit der Befriedigung der Kundenwünsche werden die Reaktionen auf diese Interessen als Qualitätsmerkmal verstanden. Dazu ist es notwendig, den Prozeß der ständigen Verbesserung auf den betrieblichen Umweltschutz und damit auch auf die Nebenprodukte auszudehnen. Das bedeutet für das Unternehmen, die Vermeidung bzw. Verminderung von umweltbelastenden Nebenprodukten anzustreben.

Um eine Verbindung der Managementsysteme auf der Basis der 20 Elemente der DIN EN ISO 9001 herzustellen, ist es erforderlich, ihre Eignung für die gemeinsame Darlegung von qualitätssichernden Maßnahmen und betrieblichen Umweltschutz zu prüfen.

Elemente, die besser oder schlechter geeignet sind

Durch eine Untersuchung im Rahmen des Praxisprojekts wird aufgezeigt, daß vor allem führungsorientierte und phasenübergreifende Elemente eine höhere Eignung zur Integration umweltspezifischer Gesichtspunkte aufweisen als solche, die auf die Phasen des Produktentstehungsprozesses ausgerichtet sind. Dieser Umstand ist besonders bei der Erarbeitung eines Dokumentationskonzeptes zu beachten, das sowohl auf Qualitäts- als auch Umweltmanagementsysteme angewandt werden kann.

Variante 2.1:

Vollständige Integration angestrebt

Mit der DGQ-Schrift 100-21 wird der Versuch unternommen, die vollständige Integration des betrieblichen Umweltschutzes in das Qualitätsmanagement zu erreichen. Im Vorwort der DGQ-Schrift 100-21 wird darauf hingewiesen, daß dieses Dokument die Systemanforderungen der *„EG-Verordnung",* Verordnung (EWG) Nr. 1836/93 berücksichtigt. Dies ist jedoch nur teilweise geschehen, da Hinweise z.B. auf die Veröffentlichung einer Umwelterklärung völlig fehlen. Forderungen bzgl. Kommunikation reduzieren sich, in Anlehnung an die DIN EN ISO 14001, auf die Zugänglichkeit der Umweltpolitik für daran interessierte Kreise.

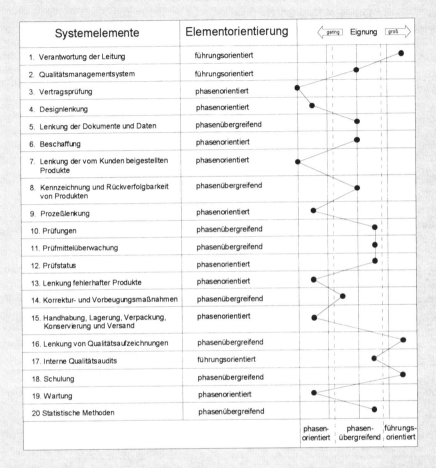

Bild 4.2

Mögliche Vorteile:

- „vollständige" Integration des betrieblichen Umweltschutzes in das Qualitätsmanagementsystem nach DIN EN ISO 9001
- Nutzung von Synergieeffekten durch eine gemeinsame Aufbau- und Ablauforganisation von Qualitäts- und Umweltmanagementsystem

Vorteile dieser Variante

Adaptives Modell mit integrierten Umweltaspekten

DIN EN ISO 9001

Qualitätsaspekte		Umweltaspekte
1. Verantwortung der Leitung	←	bzgl. Umwelt
2. Qualitätsmanagementsystem	←	Verantwortung-/Befugniserteilung bzgl. Umwelt
3. Vertragsprüfung	←	Prüfung auf Umweltaspekte
4. Designlenkung	←	Technikfolgenabschätzung und Umweltverträglichkeitsprüfung
5. Lenkung der Dokumente und Daten	←	Erheben der Daten für Stoff-/Energieflüsse
6. Beschaffung	←	Umweltkriterien
7. Lenkung der vom Kunden beigestellten Produkte	←	Umweltkriterien
8. Kennzeichnung und Rückverfolgbarkeit von Produkten	←	Umweltkriterien
9. Prozeßlenkung	←	prozeßintegrierter Umweltschutz
10. Prüfungen	←	Emissionsmessung
11. Prüfmittelüberwachung	←	Meßgeräte für Umweltanalytik
12. Prüfstatus	←	Prüfstatus der Meßgeräte
13. Lenkung fehlerhafter Produkte	←	umweltgerechte Entsorgung
14. Korrektur- und Vorbeugemaßnahmen	←	vorbeugender Umweltschutz
15. Handhabung, Lagerung, Verpackung, Konservierung und Versand	←	Umweltkriterien
16. Lenkung von Qualitätsaufzeichnungen	←	Verfahrensweise mit Ökobilanzen
17. Interne Qualitätsaudits	←	Umweltaudit
18. Schulung	←	Schulung zur Erhöhung des Umweltbewußtseins
19. Wartung		
20. Statistische Methoden		

Bild 4.3

- mögliche parallele und serielle Einführung von Qualitäts- und Umweltmanagementsystem
- gemeinsame Zertifizierung von Qualitäts- und Umweltmanagementsystem

Mögliche Nachteile:
- häufig Unklarheiten bei der Zuordnung von Umweltaspekten zu Systemelementen des Qualitätsmanagementsystems
- unübersichtliche Dokumentation
- unzureichende Berücksichtigung der Unterschiede zwischen Qualitäts- und Umweltmanagementsystemen

Nachteile dieser Variante

Variante 2.2:

Wie in Bild 4.3 dargestellt, werden Umweltaspekte auf der Grundlage der DIN EN ISO 9001 in die Qualitätsaspekte integriert. Die konsequente Integration der Umweltaspekte in das Qualitätsmanagementsystem nach DIN EN ISO 9001 ist ein Sonderfall des adaptiven Modells. Eine Zertifizierung nach einer bekannten Umweltmanagementsystem-Norm, z.B. DIN EN ISO 14001 ist jedoch schwierig. Unternehmen, die keine Zertifizierung oder Teilnahme am Gemeinschaftssystem der Verordnung (EWG) Nr. 1836/93 planen, können mit Hilfe dieses Modells betrieblichen Umweltschutz im Rahmen des Qualitätsmanagements betreiben.

Wenn die konsequente Integration in die 9001 angestrebt wird

4.3 Produktlebenszyklus-Integrationsmodell

Eine Kernfrage für viele Unternehmen besteht darin, zu entscheiden, auf welche Weise Qualitäts- und Umweltmanagement betrieben und ob die dazugehörigen Managementsysteme ineinander integriert werden können.
Während Qualitätsmanagementsysteme vorwiegend auf Angebotsprodukte ausgerichtet sind, erstreckt sich der Produktbezug von Umweltmanagementsystemen zusätzlich auch auf die unerwünschten Nebenprodukte. Hieraus resultiert die Tatsache, daß qualitätssichernde

Maßnahmen für QM und UM ergänzen sich

Maßnahmen schwerpunktmäßig in Marketing, Design und Arbeitsplanung vollzogen werden, da in diesen Phasen die Ermittlung und Umsetzung der Kundenanforderungen bzgl. der Angebotsprodukte erfolgt. Die weiteren Maßnahmen des Qualitätsmanagements zielen auf die Sicherung der Prozeßfähigkeit im Produktentstehungsprozeß ab. Maßnahmen des Umweltmanagements ergänzen die des Qualitätsmanagements in idealer Weise in allen Phasen des Produktlebenszyklus, hierbei stehen vor allem die unerwünschten Nebenprodukte im Brennpunkt. Ziel ist es, eine Reduzierung der umweltbelastenden Auswirkungen von Angebots- und Nebenprodukten durch Verbesserung von Anlagen und Prozessen zu erreichen. Der „Produktlebenszyklus" (nach DIN EN ISO 9004-1) ist das zentrale Betrachtungsobjekt für das in Bild 4.4 dargestellte Produktlebenszyklus-Modell.

Gemeinsame Merkmale herausstellen

Managementsysteme weisen Merkmale auf (z.B. Dokumentation, Schulung, Information), die allen Systemen gemeinsam sind. Deshalb wurde untersucht, inwieweit sich das Produktlebenszyklus-Modell zur Verbindung von Qualitäts- und Umweltmanagement eignet.

Das Produktlebenszyklus-Modell wird in zwei Bereiche unterteilt, der erste Bereich spiegelt die phasenübergreifenden und der zweite Bereich die phasenbezogenen Elemente wider. Phasenübergreifend bedeutet, daß diese sich nicht einer bestimmten Phase des Produktlebenszyklus zuordnen lassen. Im allgemeinen sind sie gemeinsamer Bestandteil aller Managementsysteme und -teilsysteme. So sind Elemente wie:

Phasenübergreifende Elemente

- Unternehmenspolitik, -ziele,
- Dokumentation,
- Kommunikation,
- Motivation und Schulung sowie
- Betriebsprüfung (Controlling)

sowohl im Qualitäts-, Umwelt- als auch im Arbeitssicherheitsmanagementsystem wiederzufinden. In diesen Elementen kann eine sehr enge Verknüpfung der Systeme stattfinden.

4.3 Produktlebenszyklus-Integrationsmodell

Durch die pasenbezogenen Elemente des zweiten Bereichs soll eine klare und verständliche Strukturierung des Managementsystems erreicht werden. Die Orientierung am Produktlebenszyklus ermöglicht die Herstellung eines engen Prozeßbezugs, womit die Basis für deren Verbesserung gelegt wird.

Phasenbezogene Elemente

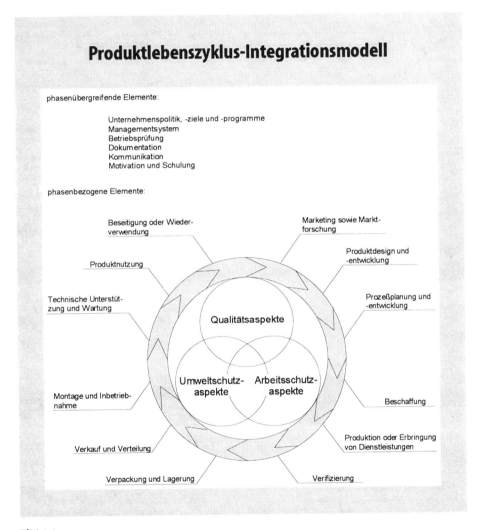

Bild 4.4

Die Strukturierung des Managementsystems anhand des Produktlebenszyklus als Abfolge der zentralen Geschäftsprozesse gestaltet das System sehr flexibel. Weitere Aspekte wie Arbeitsschutz und Sicherheit lassen sich unkompliziert ergänzen, da auch sie im ganzen Produktlebenszyklus zu berücksichtigen sind. Eine umweltmedienorientierte Organisation des betrieblichen Umweltschutzs weist eine solche Flexibilität dagegen nicht auf, da hier eine elementorientierte Separierung vorliegt.

5 Konzept zur Umsetzung von betrieblichen Umweltmanagementsystemen

5.1
Vorgehensmethodik

Bei der Entwicklung eines betriebsspezifischen Umweltmanagementsystems sind die Verbindungen zwischen dem Fabriksystem und dem Umweltmanagementsystem im Bezug zum Qualitätsmanagement aufzuzeigen und gemeinsame Nenner zu lokalisieren. Darüber hinaus wird die Vorgehensweise zur Umsetzung beschrieben. Die Verknüpfung gelingt durch eine geeignete Modellbildung. Durch die Abstraktion in der Vorgehensweise wird ein Weg aufgezeigt, Systeme unterschiedlicher Ausprägung und deren Teilsysteme zu verknüpfen.

Gedankliche Voraussetzungen

Im folgenden wird die Herangehensweise aufgezeigt, wie Modelle beschrieben und Systemansätze unterschiedlicher Ausprägung (z.B. Fabriksystem, Umweltmanagementsystem) miteinander verbunden werden können. Durch die Entwicklung des Umsetzungskonzepts und dessen Anwendung in einem Fallbeispiel wird aufgezeigt, wie ein betriebliches Fabriksystem (Pilotunternehmen) durch die Umsetzung des Umweltmanagementsystems unter Aspekten des Qualitätsmanagements weiterentwickelt wird.

Unternehmensentwicklung anhand des Umweltschutzes

Als Organisation wird die wahrgenommene Ordnung eines Systems verstanden. Das Ordnungssystem besteht aus verschiedenen Komponenten, wobei die Aufbau- und Ablauforganisation im Vordergrund stehen. Das Ausmaß des Organisierens beschränkt sich dabei nicht auf die Tätigkeiten einzelner Führungskräfte oder die Anwendung von Organisationsinstrumenten, wie z.B. der Arbeitsanalyse. Organisieren ist das bewußte Eingreifen in die vorhandenen Ordnungspro-

Organisation als dynamischer Prozeß

zesse eines Systems. Vor diesem Hintergrund wird hier die These vertreten, daß die Entwicklung und Umsetzung eines betriebsspezifischen Umweltmanagementsystems das bewußte Eingreifen in vorhandenen Organisationsstrukturen ist.

Systemorientiertes Denken und Handeln

Das systemorientierte Denken ist bei dieser Sichtweise ein Hilfsmittel, um innerhalb einer Organisation im Sinne der betrieblichen Aufgabenteilung Situationen und Sachverhalte zu strukturieren und in Zusammenhängen wiederzugeben. Die grundlegenden Instrumente der innerbetrieblichen Umsetzung sind die Aufgabenanalyse und -synthese. Hiermit ist die Voraussetzung geschaffen, das komplexe Problem der Realisierung eines Umweltmanagementsysstems zu durchdringen und Lösungen zu entwickeln und umzusetzen.

Systemdenken als Grundgerüst

Systemdenken wird als methodisches Grundgerüst verstanden, um eine prinzipielle Vorgehensweise bei Problemlösungsprozessen zu beschreiben. Systemdenken setzt sich aus zwei Komponenten zusammen. Mit dem Systemansatz wird das System definiert. Die Elemente des Systems und deren Struktur werden beschrieben, die internen Wechselwirkungen der Systembestandteile aufgezeigt und die Beziehungen zur Systemumwelt, zum Supersystem dargelegt. Systemdenken will nicht andere Vorgehensweisen ersetzen, sondern einen Ansatz aufzeigen, wie Zusammenhänge bei verschiedenen Sachverhalten aufgezeigt werden können. Systemdenken meint

> „... die Fertigkeit, in Systemzusammenhängen über mehrere Systeme hin zu denken - nein, Systemzusammenhänge zu sehen, die sonst nicht leicht in den „Blick" kommen ..." (STEINMÜLLER, S.174).

Die zielorientierte Systemgestaltung ist die zweite Komponente dieses Ansatzes. Hier wird die prinzipielle Vorgehensweise zur Problemlösung erörtert. Die abstrakte Darstellung zielorientierter Vorgehensweisen wird durch das Vorgehensmodell beschrieben. Das Denken und Handeln in Wirkzusammenhängen und Prozessen sowie das systematische Gestalten bilden die Basis für diesen Ansatz. Zusammenfassend macht Koelle die Aussage, das systematisch zu denken und zu arbeiten heißt, in Ablaufprozessen zu denken (vgl. KOELLE, S.5).

Systematisch denken heißt in Abläufen und Zusammenhängen zu denken

Die systemorientierte Denkweise ist die Grundlage für die Verwirklichung betrieblicher Problemlösungskonzepte. Die Lösung umweltspezifischer Probleme in Organisationen, z.B. durch die Umsetzung von Umweltmanagementsystemen, ist ein Anwendungsfeld für die Übertragung von Systemdenken auf gegenwärtige betriebliche Problemefelder. Systemtechnisches Denken wird unter dem Sammelbegriff Systemtechnik zusammengefaßt. Hier wird der Begriff Technik jedoch nicht im Sinne der Produktions- oder Fertigungstechnik verstanden, sondern als Überbergiff für systematische Vorgehens- und Denkweisen. Koelle definiert Systemtechnik als

Sammelbegriff Systemtechnik

„die Summe aller Methoden, Verfahren und Hilfsmittel, um sozio-ökonomisch-technische Systeme zu definieren, planen, optimieren, entwickeln, betreiben und zu beseitigen, d.h. sie bewußt ständig von der Wiege bis zum Grabe zu begleiten, mit dem Ziel, den gesellschaftlichen Nutzen zu maximieren und/oder den erforderlichen Aufwand zu minimieren!" (KOELLE, S.6).

Das Systemdenken wird auf die aufgeführten Bereiche Qualitäts- und Umweltmanagement übertragen. Von besonderer Bedeutung im Rahmen dieser Beschreibung ist jedoch die Betrachtung der umweltspezifischen Probleme in einem Unternehmen. Der Systemansatz bildet das Gerüst zur Lösung dieser Probleme.

Systemansatz als Basis zur Problemlösung

Selchert beschreibt das System als die Gesamtheit einer geordneten Menge von Elementen, zwischen denen Beziehungen bestehen (vgl. SELCHERT, S.31). Dabei wird die Funktion des Systems durch den Zweck, den es erfüllen soll, vorgegeben. Die drei wichtigsten Merkmale eines Systems sind die Systemelemente, Beziehungen zwischen den Elementen und der Umgebung sowie die Eigenschaften des Systems.

Merkmale von Systemen

Der Leitgedanke ist, daß in einem bereits bestehenden System, in diesem Fall dem Unternehmen, durch gezieltes und methodisches Vorgehen ein Umweltmanagementsystem entwickelt werden soll. Das Unternehmen wird als Fabriksystem definiert (vgl. SPUR, S.3). Hier werden zwei Systeme zusammengeführt, die unterschiedlich geprägt sind, verschiedenen Begriffswelten unterliegen und von der Dimension nur schwer vergleichbar sind. Spur definiert das Fabriksystem als das Zusammenwirken der Summe der Menschen, der

Summe der Betriebsmittel und der Summe der Arbeitsmittel, wobei das kleinste Teilsystem das Arbeitssystem ist (vgl. SPUR, S.3).

Das Umweltmanagementsystem wird durch die DIN EN ISO 14001 und die Verordnung (EWG) Nr. 1836/93 definiert als ein System zur Entwicklung der Organisationsstruktur, Festlegung von Verantwortlichkeiten, Beschreibung von Praktiken, Verfahren, Prozessen und Mitteln zur Umsetzung und Aufrechterhaltung des Umweltmanagements (vgl. DEUTSCHES INSTITUT FÜR NORMUNG (1996), S.6). Auf der Grundlage derselben Norm wird Umweltmanagement als ein Teil der übergreifenden Managementfunktionen verstanden, der dazu beitragen soll, die Umweltpolitik zu entwickeln, umzusetzen, ihre Ziele zu erreichen, zu überprüfen und aufrechtzuerhalten.

Umweltmanagementsysteme als Teil des Gesamtmanagements

Betrachtungsebenen der Systemgestaltung

Gestaltung der Systemstruktur

Zur Unterstützung des Entwicklungs- und Umsetzungsprozesses eines Umweltmanagementsystems in einem Fabriksystem werden die beiden Methoden Projektorganisation und Prozeßorganisation angesprochen. Im Strukturmodell wird das komplexe Fabriksystem durch Abstraktion in einem überschaubaren Konzept abgebildet und durch das Vorgehensmodell das Umweltmanagementsystem umgesetzt.

Projekt- und Prozeßmanagement unterstützen die Umsetzung

Projektorganisation

Im Gegensatz zu Prozessen sind Projekte einmalig oder erstmalig durchzuführende Vorhaben, die eine zeitliche Befristung sowie in der Regel eine besondere Komplexität und eine interdisziplinäre Aufgabenstellung haben. Projektmanagement bedeutet in diesem Zusammenhang, alle Teilaufgaben und Einflußgrößen, die Kontrolle des Projektfortschritts ('Meilensteine') und die Form der dabei erwarteten Ergebnisse bereits in der Planungsphase (Vorphase) detailliert zu definieren, zu terminieren und abzustimmen.

Bedeutung des Projektmanagements

Wesentliche Merkmale eines erfolgreichen Projektmanagements sind die eindeutige Festlegung des Projektauftrags mit seinen Leistungsmerkmalen, die Ernennung eines geeigneten Projektleiters, das rechtzeitige Bereitstellen von Ressourcen und methodischen

Hilfen sowie die Berufung eines Teams, das in der Lage ist, das Projekt in seiner Komplexität über organisatorische Grenzen hinaus zu verstehen und zu beherrschen.

Der Projektablauf erfolgt im wesentlichen in den Phasen:

- Vorstudien zur Projektdefinition, Zielbeschreibung und Ideenformulierung,
- Planung zur Strukturierung, Detaillierung und Ausführung,
- Realisierung und Umsetzung, gegebenenfalls einschließlich Beschaffung, Prototyp-Herstellung und Schulung,
- Inbetriebnahme oder Implementierung einschließlich Test, Anwenderqualifizierung und Übergabe an den Kunden.

Projektphasen

Die Umsetzung von Managementsystemen und somit auch die betriebliche Entwicklung von Umweltmanagementsystemen werden als komplexes Problem definiert. Bevor jedoch die Inhalte dieser beiden Themenbereiche fester Bestandteil des betrieblichen Alltags geworden sind, ist eine besondere organisatorische Vorgehensweise (Vorgehensmodell) zur Unterstützung des Entwicklungsprozesses anzuwenden. Zur detaillierten Beschreibung der dazu erforderlichen Schritte sind insbesondere Fragen der Organisation und Koordination der Umsetzung zu erörtern. Hierzu sind die oben aufgeführten system- und produktneutralen Prinzipien des Projektmanagements im Rahmen der Projektorganisation geeignet. Die spezifische Anwendung dieser Prinzipien bei der Entwicklung eines Umweltmanagementsystems werden demnach von zwei Betrachtungsebenen aus gesehen.

Die Umsetzung ist eine komplexe Aufgabe

Projektmanagement prozeß- und systemneutral

Auf der Ebene der Systemgestaltung wird die Umsetzung des Umweltmanagementsystems im eigentlichen Sinne gesehen. Dabei steht das zu entwickelnde System und dessen Umfeld im Vordergrund. Auf der Ebene des Projektmanagements stehen die Fragen der Gestaltung und Koordination des Einführungsprozesses im Mittelpunkt. Durch die Anwendung des Projektmanagements wird die Sicherstellung der vereinbarten System- und Projektziele im Rahmen der personellen, technischen, terminlichen und finanziellen Vorgeben gewährleistet. Hierzu gehören u.a. die Wahl einer geeigneten Projektorganisationsstruktur, die Festlegung

Aufgaben des Projektmanagements

von Aufgaben, Kompetenzen und Verantwortlichkeiten der am Projekt beteiligten Personen sowie die Vorbereitung und Durchsetzung getroffener Entscheidungen. Auf der Ebene der Systemgestaltung bzw. der Prozeßorganisation und auf der Ebene des Projektmanagements werden bewährte Methoden, Techniken, Verfahren und Hilfsmittel eingesetzt.

Prozeßorganisation

Prozeßdefinition

Was einen Prozeß ausmacht

Ein Prozeß ist eine logisch aufeinanderfolgende Serie von Handlungen oder Tätigkeiten mit einer meßbaren Eingabe, einer meßbaren Be- oder Verarbeitung und einer meßbaren Ausgabe in einer sich wiederholenden Folge. Der Prozeß wird begrenzt durch die erste und letzte Tätigkeit einer Wertschöpfungskette.

Funktion und Ziel

Prozeßmanagement im Rahmen der Prozeßorganisation ist eine Methode zur Vereinfachung und Verbesserung von Unternehmensabläufen. Prozeßorientiertes Denken bedeutet:

- Die Aufgabe des Prozesses ist klar und eindeutig zu beschreiben. Mit der Aufgabe wird eine kurze, präzise Aussage über den Zweck des Prozesses bezeichnet.
- Der betrachtete Prozeß ist in Teilprozesse zu zerlegen, zu strukturieren und transparent darzustellen.
- Hierarchische Darstellung und organisatorische Abbildung des Prozesses.
- Ablaufdarstellung (Flußdiagramm) des Prozesses mit den Input- und Output-Beziehungen und Hinweise über Verantwortung, Mitbeteiligung und Information.

Bedeutung von Erfolgsfaktoren

Die für den Prozeß entscheidenden Erfolgsfaktoren sind zu erarbeiten. Erfolgsfaktoren sind Bedingungen, Voraussetzungen und Strukturen, die für die erfolgreiche Erfüllung der Aufgabe unbedingt erforderlich sind und bei Nichtvorhandensein die Auftragserfüllung gefährden.

Festlegung der Verantwortlichkeiten

Verantwortlichkeiten regeln

- Da sich ein Prozeß funktionsübergreifend über die gesamte Organisation erstrecken kann, ist die Verantwortung klar zu definieren und bekanntzumachen. Das gilt insbesondere für die Nahtstellen.

- Kontrollpunkte und Kennzahlen für die Erkennung von Zielerreichung und Zielabweichung sind zu etablieren.
- Der Prozeß ist zu steuern und permanent zu verbessern.

Das Ziel der Prozeßorganisation ist eine kundenorientierte und wirtschaftliche Leistungserbringung. Die Forderungen der Kunden, sowie intern als auch extern, zu kennen, zu verstehen und mit ihnen abzustimmen, ist hierfür Voraussetzung. Meßbare Prozeßverbesserungen werden anhand von Kennziffern nachgewiesen. Prozeßorganisation trägt wesentlich zur Realisierung von Total Quality Management und zur Kundenorientierung im Unternehmen bei. Die Situation des Umfeldes und der verstärkte Wettbewerb setzen flexible, anpassungsfähige und effiziente Abläufe voraus. So gehen verstärktes Kosten- und Qualitätsmanagement sowie eine verschärfte Produktsituation mit steigender Kundenerwartung einher. Das Bestreben der Lieferanten ist es, Kunden langfristig durch vertrauensbildende Maßnahmen zu binden und zu begeistern.

Meßbare Verbesserungen mit Kennzahlen nachweisen

5.2
Umsetzungskonzept

5.2.1
Aufbau und Struktur

Der Aufbau eines Managementsystems umfaßt die aufbau- und ablauforganisatorische Strukturierung des gesamten Unternehmens. Betroffen sind sämtliche Unternehmensbereiche und Abteilungen, jeder einzelne Mitarbeiter, alle unternehmensinternen und die Unternehmensgrenzen überschreitenden Vorgänge und Abläufe. In Abhängigkeit von der Branche und Größe des Unternehmens sowie der vorhandenen Organisationsstruktur muß von einer unternehmensabhängigen, unterschiedlichen Umsetzungsdauer ausgegangen werden. Es ist jedoch möglich, bereits während der Aufbauphase umgesetzte Komponenten des zukünftigen Umweltmanagementsystems wirkungsvoll zu nutzen. Voraussetzung zu einer effektiven und erfolgreichen Einführung ist ein zielgerichtetes und planvolles Herangehen.

Ausgangssituation

Nutzen von Anfang an

5 Konzept zur Umsetzung

Dem Ablaufplan folgen

Das im folgenden erläuterte Konzept zur Umsetzung von betrieblichen Umweltmanagementsystemen unter Aspekten des Qualitätsmanagements beruht auf einem Ablaufplan, der an die jeweiligen unternehmensspezifischen Gegebenheiten und Erfordernisse angepaßt werden kann. Die prinzipielle Struktur dieses Umsetzungskonzepts ist in Bild 5.1 dargestellt.

Konzeptstruktur

Die einzelnen Projektschritte müssen nicht zwingend nacheinander abgearbeitet werden. Es besteht auch die Möglichkeit, mehrere Projektschritte parallel zu bearbeiten. Für die Wiederholung von Projektschritten steht im Bild symbolisch die Raute als Zeichen der Entscheidungs- und Verzweigungsmöglichkeit. Nach jedem Projektschritt ist zu entscheiden, ob zum nächsten Schritt übergegangen werden kann, eine nochmalige Überarbeitung stattfinden oder sogar zu dem vorhergehenden Punkt zurückgekehrt werden muß.

Anwendung des Konzepts

Letzteres ist möglich, wenn beispielsweise festgestellt wird, daß zur Abarbeitung eines Abschnitts entscheidende Informationen fehlen, die bereits in einem der vorhergehenden Abschnitte hätten gesammelt werden sollen. So könnte z.B. während der Formulierung des Umweltprogramms eine nachträgliche Ermittlung bestimmter, bei der Erstellung der Input/Output-Bilanz übersehener Daten notwendig werden. Nur ein gut geplanter und sorgfältig ausgeführter Projektablauf kann auf rationelle Weise zu einem erfolgreichen Projektabschluß führen.

Einige Querschnittsfunktionen (z.B. Dokumentation), die nicht nur einen konkreten Abschnitt, sondern den größten Teil des Projektablaufs betreffen, sind aus dem Ablaufplan herausgezogen. Die Beschreibung erfolgt bei den direkt zugehörigen Projektschritt.

Das Umweltmanagementsystem im eigentlichen Sinn

Der im Bild 5.1 als Umweltmanagementsystem gekennzeichnete Teil (Rahmen) wird nach der erfolgreichen Einrichtung des Systems ständig durchlaufen und stellt die Stabilisierung des Umweltmanagementsystems dar. Dies ist das Umweltmanagementsystem im eigentlichen Sinn. Es beruht auf einer ständigen Verbesserung der umweltbezogenen betrieblichen Abläufe, bezogen auf die Anforderungen des technischen Umweltschutzes und der Umweltschutz-Organisation im Sinne der Aufbauorganisation und der Integration des Umweltschutzes in die Ablauforganisation.

5.2.1 Aufbau und Struktur

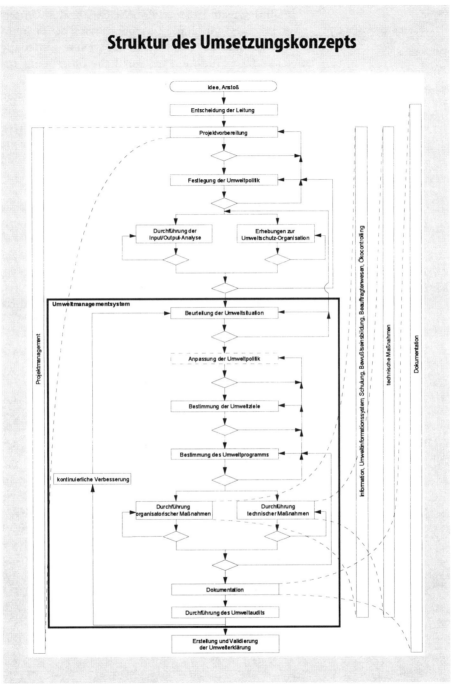

Bild 5.1

In Bild 5.2 sind die 14 Projektschritte des Umsetzungskonzepts zu fünf übergeordneten Projektabschnitten zusammengefaßt (1. Ebene). Diese Einteilung ist insbesondere für die verantwortliche Unternehmensleitung von Bedeutung. Abschlüsse einzelner Projektschritte (2. Ebene) besitzen für das mit der Umsetzung des Umweltmanagementsystems betraute Projektteam besondere Bedeutung. In der dritten Ebene erfolgt eine Unterteilung in einzelne Arbeitspakete, die für einzelne Bearbeiter wichtig sind. Die Arbeitspakete können parallel bearbeitet werden. So sind beispielsweise die Verbesserung der Aufbau- und der Ablauforganisation wie auch die Umsetzung von Maßnahmen zur Personalentwicklung im Projektschritt „Durchführung organisatorischer Maßnahmen" gleichzeitig umsetzbar. Wo eine schrittweise Bearbeitung der Arbeitspakete nicht aus ablauforganisatorischen Gründen notwendig ist, hängt der tatsächliche Projektablauf von den konkreten unternehmensspezifischen Rahmenbedingungen sowie den personellen und finanziellen Kapazitäten des jeweiligen Unternehmens ab.

Das Konzept dient als Grundgerüst für die Umsetzung des Umweltmanagementsystems. Aufgrund der differierenden Rahmenbedingungen wie Unternehmensgröße, Branche, vorhandene Aufbau- und Ablauforganisation, räumliche Lage und Gliederung des Unternehmens kann es jedoch keinen stets gleichen, einheitlichen Weg der Systemeinführung geben.

Tabelle 5.1 zeigt in einer Gegenüberstellung die Wechselwirkungen zwischen dem Umsetzungskonzept für ein Umweltmanagementsystem und den prinzipiellen Abläufen im Projekt- wie auch im Prozeßmanagement. In Bild 5.3 ist das Umsetzungskonzept in Form eines Projektstrukturplans dargestellt. Der Projektstrukturplan enthält die aufgabenbezogene Gliederung des Projekts und dient als Fundament für die gesamte Projektplanung.

Marginalien: Projektabschnitte · Projektschritte · Arbeitspakete · Projektablauf hängt von den Rahmenbedingungen ab · Konzept bildet das Grundgerüst

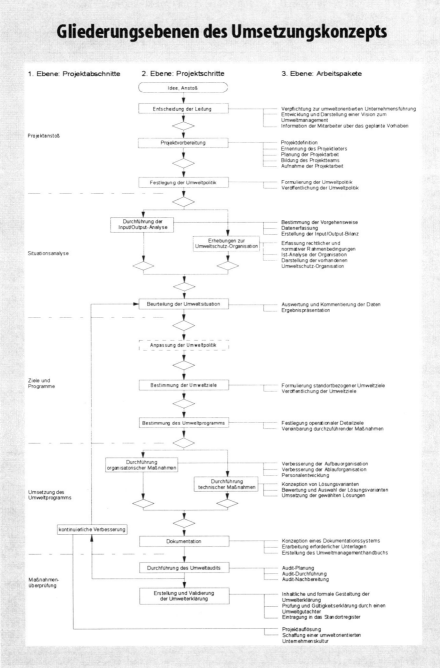

Bild 5.2

Tabelle 5.1. Gegenüberstellung des Umsetzungskonzepts mit Projekt- und Prozeßmanagementabläufen

Einführungskonzept	Projektorganisation	Prozeßorganisation
Entscheidung der Leitung		
Projektvorbereitung	Projektdefinition	Prozeß definieren
	Projektplanung	Prozeßumfang festlegen
		Verantwortliche ernennen
Festlegung der Umweltpolitik		
Durchführung der Input/Output-Analyse,	Ist-Analyse	Bestandsaufnahme durchführen
Erhebungen zur Umweltschutz-Organisation		Prozeß bewerten
Beurteilung der Umweltsituation		
Bestimmung der Umweltziele	Soll-Konzept	Anforderungen ermitteln
Bestimmung des Umweltprogramms	Systementwicklung und -beschreibung	Lösungsalternativen entwickeln
Durchführung organisatorischer Maßnahmen	Aufgabenorganisation	
	Maßnahmenumsetzung	Verbesserung einführen
		Prozeßänderungen freigeben
	Termin-, Aufwands-, Sachfortschrittskontrolle	Erfolg messen
		Kundenzufriedenheit feststellen
Durchführung technischer Maßnahmen	Maßnahmenumsetzung	Verbesserung einführen
		Prozeßänderungen freigeben
Dokumentation	Projektdokumentation	Dokumentation
Durchführung des Umweltaudits	Projektabschlußanalyse	
Erstellung und Validierung der Umwelterklärung		
kontinuierliche Verbesserung	Nutzung	Prozeßanwendung
	Erfahrungssicherung	kontinuierliche Verbesserung

Organisatorische Grundlagen

Wird die Einführung des Umweltmanagementsystems im Betrieb geplant, so ist auf unternehmensspezifisch gewachsene Strukturen zu achten. So kann an bereits vorhandene Managementsysteme, z.B. an das Qualitätsmanagementsystem, angeknüpft werden. Auch andere Strukturen, wie die Organisation der Betriebsbeauftragten für Abfall, Gewässerschutz und Immissionsschutz werden bei der Errichtung eines Umweltmanagementsystems sinnvoll einbezogen.

5.2.1 Aufbau und Struktur

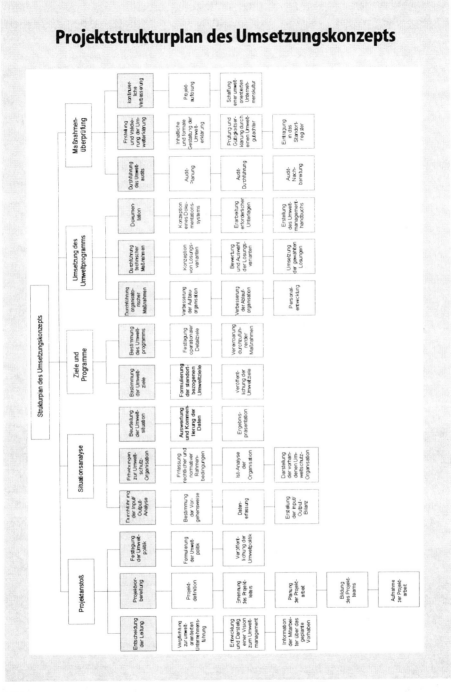

Bild 5.3

Bausteine des umfassenden Managementsystems	Den in der Einleitung aufgeführten Managementansätzen wie Qualität, Umweltschutz, Arbeitssicherheit, liegen die gleichen Prinzipien zugrunde. Es handelt sich um die Integration der jeweils produktbezogener Maßnahmen mittels systembezogener Maßnahmen, also durch eine festgelegte Aufbau- und Ablauforganisation. Sie bilden Bausteine eines integrierten und übergeordneten Managements des Unternehmens. Das Umweltmanagement ist Bestandteil eines umfassenden Managementsystems. Elemente, wie z.B. die Einbeziehung aller Mitarbeiter der Organisation, durchziehen das gesamte Managementkonzept. Andere Elemente, wie z.B. Entsorgungs- oder Energiekonzepte, sind spezifisch für das betriebliche Umweltmanagement, Elemente wie z.B. Vertragsprüfung oder Lenkung fehlerhafter Produkte sind vorwiegend dem Qualitätsmanagement zuzuordnen. Vor der Systemumsetzung sollte die Frage geklärt werden, inwieweit Synergieeffekte zwischen den Managementsystemen für Qualität, Umweltschutz und Arbeitssicherheit sowie zwischen den Unternehmensbereichen existieren und wie diese angemessen genutzt werden können. In Tabelle 5.2 werden diese Verbindungen aufgezeigt.
Allgemeine und spezifische Komponenten	
Synergien nutzen	

Die Verordnung nach EMAS sieht die Möglichkeit vor, auch andere einzelstaatliche, europäische oder internationale Normen anzuerkennen. Läßt sich ein Unternehmen nach einer im Rahmen der Verordnung anerkannten Norm (z.B. DIN ISO 14001, BS 7750, Frankreich - AFNOR X30-200 „Système de management environnemental, Spanien - UNE 77-801-93 und UNE 77-802-93) zertifizieren, so kann es, wenn es eine den Bestimmungen der Verordnung entsprechende Umwelterklärung erstellt, diese für gültig erklären und sich in das Standortverzeichnis eintragen lassen. In Tabelle 5.3 sind die Beziehungen zwischen dem Umsetzungskonzept für Umweltmanagementsysteme und der Verordnung sowie der DIN ISO 14001 aufgeführt.

Tabelle 5.2. Gegenüberstellung grundlegender Managementsysteme

Merkmale der Managementsysteme	Umweltmanagementsystem	Qualitätsmanagementsystem	Arbeitssicherheitmanagementsystem
Verantwortung der obersten Leitung	dokumentierte und veröffentlichte Verantwortung der obersten Leitung	dokumentierte und veröffentlichte Verantwortung der obersten Leitung	dokumentierte und veröffentlichte Verantwortung der obersten Leitung
rechtliche und normative Grundlagen	Verordnung (EWG) Nr. 1836/93, DIN EN ISO 14001, BS 7750, DIN 33921, DGQ-Schrift 100-21, DIN ISO 10011, Teil 1 (Audit), Umweltrecht	DIN EN ISO 9000 ff. DIN ISO 10011, Teil 1 (Audit) DIN ISO 10013 (QM-Handbuch)	Gesetze Unfallverhütungsvorschriften, Reichsversicherungsordnung, Gewerbeordnung
Systemgrenze	intern extern: Kunden- und Lieferantenbeziehungen, Information von Kunden, Öffentlichkeit, Behörden	intern extern: Kunden- und Lieferantenbeziehungen	intern extern: Vermeidung von Störfällen mit Gefährdung der Mitwelt
Leitsätze	Umweltpolitik	Qualitätspolitik	Arbeitssicherheitspolitik
Audits	Umweltaudit/Umweltbetriebsprüfung Validierung, Zertifizierung	Qualitätsmanagementsystemaudit Zertifizierung	Arbeitssicherheitsaudit
Fachkompetenz der Auditoren	gesetzliche und normative Regelungen Auditschulung, Umweltgutachter	normative Regelungen Auditschulung	geschulte Sicherheitsfachkraft Auditschulung, Sicherheitsingenieur
Haftung	Umwelthaftung, Produkthaftung, Produktionsanlagenhaftung, Organisationshaftung	Produkthaftung, Produktionsanlagenhaftung, Organisationshaftung	Haftung für Gesundheitsschäden, Unfälle (Produktionsanlagenhaftung, Organisationshaftung)
Ziele	kontinuierliche Verbesserung des betrieblichen Umweltschutzes, Einhaltung gesetzlicher und eigener Vorgaben	kontinuierliche Verbesserung von Produktqualität, Prozeßqualität Einhaltung eigener Vorgaben	kontinuierliche Verbesserung von Arbeits- und Gesundheitsschutz, Einhaltung gesetzlicher und eigener Vorgaben
Organisation	effiziente vertikale und horizontale Organisationsstruktur	effiziente vertikale und horizontale Organisationsstruktur	effiziente vertikale und horizontale Organisationsstruktur
Information, Kommunikation, Schulung	vertikale und horizontale Maßnahmen für alle Mitarbeiter	vertikale und horizontale Maßnahmen für alle Mitarbeiter	vertikale und horizontale Maßnahmen für alle Mitarbeiter
Dokumentation	Umweltmanagementhandbuch, Kataster, Verfahrensanweisungen effiziente Steuerung der Dokumente	Qualitätsmanagementhandbuch Verfahrensanweisungen effiziente Steuerung der Dokumente	Arbeitssicherheitsleitfaden Betriebsanweisungen effiziente Steuerung der Dokumente
Systemkontrolle, -bewertung	aufgrund von Audits durch oberste Leitung, Verantwortliche	aufgrund von Audits durch oberste Leitung, Verantwortliche	aufgrund von Audits durch oberste Leitung, Verantwortliche

Tabelle 5.3. Umsetzungskonzept und wesentliche Standards für Umweltmanagementsysteme

Umsetzungskonzept	Verordnung (EWG) Nr. 1836/93		DIN EN ISO 14001	
Entscheidung der Leitung				
Projektvorbereitung				
Festlegung der Umweltpolitik	I A1; I B1	Umweltpolitik	4.1	Umweltpolitik
Durchführung der Input/Output-Analyse	I B3	Auswirkungen auf die Umwelt	4.2.1	Umweltaspekte
Erhebungen zur Umweltschutz-Organisation			4.2.2	Gesetzliche und andere Forderungen
Beurteilung der Umweltsituation			4.5	Bewertung durch die oberste Leitung
Bestimmung der Umweltziele	I A4; I B1	Umweltziele	4.2.3	Zielsetzungen und Einzelziele
Bestimmung des Umweltprogramms	I A5; I B1	Umweltprogramme	4.2.4	Umweltmanagementprogramme
Durchführung organisatorischer Maßnahmen	I B2	Verantwortung und Befugnisse	4.3.1	Organisationsstruktur und Verantwortung
	I B2	Managementvertreter		
	I B2	Personal	4.3.2	Schulung, Bewußtseinsbildung und Kompetenz
	I B2	Ausbildung		
	I B2	Kommunikation	4.3.3	Kommunikation
	I B4	Festlegung von Aufbau- und Ablaufverfahren	4.3.6	Ablauflenkung
			4.3.7	Notfallvorsorge und Maßnahmenplanung
	I B4	Kontrolle	4.4.1	Überwachung und Messung
	I B4	Nichteinhaltung und Korrekturmaßnahmen	4.4.2	Abweichungen, Korrektur- und Vorsorgemaßnahmen
Durchführung technischer Maßnahmen				
Dokumentation	I B5	Umweltmanagement-Dokumentation	4.3.4	Dokumentation des Umweltmanagementsystems
			4.3.5	Lenkung der Dokumente
			4.4.3	Aufzeichnungen
Durchführung des Umweltaudits	I B6; Art. 4	Umweltbetriebsprüfung	4.4.4	Umweltmanagementsystem-Audit
Erstellung und Validierung der Umwelterklärung	Art. 5	Umwelterklärung		
kontinuierliche Verbesserung	Art. 1 (2)	kontinuierliche Verbesserung		

Zur Sicherstellung einer systematischen Vorgehensweise bei der Umsetzung und Aufrechterhaltung des Umweltmanagementsystems werden im Rahmen der Systemimplementierung auf der Grundlage des Einführungskonzepts eine Reihe von Qualitätsmanagement- und Umweltmanagementtechniken zur Problembeschreibung, -analyse und Lösung eingesetzt. Hierbei definiert der Autor Techniken als Maßnahmen, Einrichtungen und Verfahren, die dazu dienen, naturwissenschaftliche Kenntnisse praktisch nutzbar zu machen. Unter Umweltmanagementtechniken sind somit alle Methoden zu verstehen, die zur Problemlösung im Rahmen des betrieblichen Umweltmanagements dienen.

Anwendung von Qualitätstechniken

Anwendung von Umweltmanagementtechniken

Zu den Umweltmanagementtechniken gehören neben speziell für den betrieblichen Umweltschutz entwickelten Methoden auch solche, die ursprünglich für den Einsatz in anderen Gebieten, z.B. im Qualitätsmanagement, konzipiert wurden (siehe Abschn. 3.2.2). Diese Techniken werden teilweise in ihrer ursprünglichen Form verwendet oder aber auch angepaßt an die speziellen Erfordernisse im betrieblichen Umweltschutz. Der Einsatz der einzelnen Techniken erfolgt stets entsprechend den konkreten betrieblichen Verhältnissen und Erfordernissen. Im Verlauf der Konzeptdarstellung wird auf konkrete Einsatzmöglichkeiten der Techniken im Unternehmen hingewiesen.

5.2.2
Leistungsmerkmale des Umsetzungskonzepts

Auf der Grundlage des vorliegenden Umsetzungskonzepts für betriebliche Umweltmanagementsysteme unter Berücksichtigung von Aspekten des Qualitätsmanagements sollen Unternehmen unter ökologischen Gesichtspunkten weiterentwickelt werden. Durch die Anwendung des Umsetzungskonzepts sollen Unternehmen folgendes erreichen können:

- Umsetzung eines betriebsspezifischen Umweltmanagementsystems unter Qualitätsaspekten zur Erfüllung der normativen und gesetzlichen Grundlagen,
  - Verringerung von Rechtsunsicherheiten,
  - Teilnahme an einem Zertifizierungs- und/oder Begutachtungsverfahren,

Was erreicht werden kann

- Organisation des Dokumentationssystems für Umweltmanagement in Verbindung zum Qualitätsmanagement,
- Entwicklung einer umweltorientierten Aufbau- und Ablauforganisation,
- Umsetzung des Beauftragtenwesens,
- kontinuierliche Verbesserung der umweltrelevanten Leistungen des Unternehmens,
  - Reduzierung der Umweltbelastung,
  - Ressourcenschonung,
  - Verfahrensverbesserung durch Anwendung geeigneter Konzepte (z.B. Energiekonzept, Abfallkonzept),
  - Abfallevrmeidung bzw. -verringerung,
  - Energieeinsparung,
  - Nutzung von Kostensenkungspotentialen,
- Entwicklung einer umweltorientierten Unternehmenskultur,
  - mit der Möglichkeit, auf Umfeldveränderungen reagieren zu können,
  - indem sich die Mitarbeiter bezüglich der umweltrelevanten Gegebenheiten organisieren,
- interne und externe Kommunikation bezüglich der mit dem Umweltschutz in Verbindung stehenden Gegebenheiten.

5.3
Anwendung des Umsetzungskonzepts

Ziele des Projekts

Das Fallbeispiel beruht auf einem mehrjährigen Praxisprojekt bei der Fa. Ritter Leichtmetallguss GmbH. Im Rahmen dieses Projektes wird ein betriebliches Umweltmanagementsystem im Zusammenhang mit dem Qualitätsmanagement auf der Grundlage des angeführten Konzepts umgesetzt. Formales Ziel war die vollständige Implementierung bis zur Zertifizierungsreife. Methodisches Ziel war die Validierung des Umsetzungskonzepts.

Übertragbarkeit der Ergebnisse sichern

Das ausgewählte Unternehmen sollte ein repräsentatives Profil und typische umweltrelevante Problemfelder eines mittelständischen Betriebes aufweisen. Als Auswahlkriterium sollten möglichst viele Hauptgruppen der DIN 8580 (Einteilung der Fertigungsverfahren) abgedeckt werden, um die gewünschte Breitenwirkung erzielen und eine Vielzahl von Problemfeldern bearbeiten zu können. Die Ergebnisse sind auf andere Unternehmen übertragbar.

Die Fa. Ritter GmbH erfüllt als mittelständisches Aluminiumdruckguß-Unternehmen mit ca. 220 Mitarbeitern diese Anforderungen gut. Dem Verfahren des Druckgießens folgt je nach Produkt eine montagefertige Komplettbearbeitung mit großer Vielfalt. Hierbei werden nahezu alle Hauptgruppen der oben angesprochenen Norm abgedeckt. Es ergibt sich ein umfassendes Bild umweltrelevanter Aufgabenfelder, die im Verlauf des Projektes bearbeitet wurden.

Strukturdaten des Pilotunternehmens

5.3.1
Entscheidung der Leitung

Verpflichtung zur umweltorientierten Unternehmensführung

In dem dargestellten Praxisprojekt gingen die Initiativen zur Einführung des Umweltmanagementsystems von der Geschäftsleitung aus. Damit war eine wichtige Eingangsvoraussetzung erfüllt. Die ökologische Ausrichtung des Unternehmens war von Projektbeginn an mit der Erreichung umweltspezifischer und wirtschaftlicher Ziele verbunden. Durch diese Verbindung konnte über den gesamten Projektverlauf eine dauerhaft hohe Motivation der Leitung festgestellt werden.

Die Leitung legt den Grundstein

Die Unternehmensleitung hat bei der ökologischen Ausrichtung des Unternehmens eine entscheidende Bedeutung. Dies liegt vor allem an der Vorbildfunktion und an der Weisungsbefugnis der Führungskräfte. Soll ein unternehmensumfassendes Projekt wie die Einführung eines Umweltmanagementsystems erfolgreich sein, muß sich die Leitung persönlich zum Umweltschutz als einem Unternehmensziel und zur Entwicklung eines ökologieorientierten Unternehmens bekennen. Die Orientierung an ökologischen Gesichtspunkten muß top down angestoßen werden, um sich auf den nachfolgenden Unternehmensebenen fortsetzen zu können.

Engagement der Leitung unterstreicht die Bedeutung

Entwicklung und Darstellung einer Vision zum Umweltmanagement

Alle Interessenpartner berücksichtigen

Mit dem Bekenntnis zu einer ökologieorientierten Unternehmensführung ist der Beschluß zur Einrichtung eines Umweltmanagementsystems verknüpft. Als strategische Managemententscheidung sollte die Systemeinführung auf die Zufriedenstellung aller Interessenpartner des Unternehmens, d.h. Eigner, Mitarbeiter, Kunden, Lieferanten, Öffentlichkeit und Behörden abzielen (vgl. EGGERT, S.228).

Gemeinsame Workshops erleichtern Start

In Form von Workshops wurde durch die Unternehmensleitung geklärt, ob das Unternehmen tatsächlich in der Lage und willens ist, ein Projekt zur Einführung eines Umweltmanagementsystems zu gründen und bis zu seiner erfolgreichen Beendigung zu verwirklichen.

Dazu wurden folgende organisatorische Punkte vor Projektbeginn erläutert:

- Ziele, die das Unternehmen mit der Einführung eines Umweltmanagementsystems erreichen will,
- Vorgehensweise,
- grobe Abschätzung der zur Umsetzung erforderlichen Mittel (finanziell und personell) und Termine.

Wirksam arbeiten durch Visualisierung

Der Vorteil bei der Klärung dieser Punkte im Rahmen von Workshops liegt vor allem in der Möglichkeit der visuellen Darstellung der Problemschwerpunkte. Durch die Visualisierung und die Gewährleistung der Aufmerksamkeit der Workshopteilnehmer (im Pilotprojekt waren dies alle Abteilungsleiter) für die behandelte Thematik wird eine höchstmögliche Effektivität der Besprechung erreicht. Über die gesamte Projektlaufzeit wurden die Workshops durch den Verfasser moderiert.

Nur durch die Teilnahme der Unternehmensleitung an diesen Workshops kann die Zustimmung aller Verantwortlichen zu den gefaßten Beschlüssen sichergestellt werden. In Anbetracht der Bedeutung und des Umfangs der bevorstehenden Aufgabe ist dies unabdingbar.

Da im Pilotprojekt der Antrieb zur Einrichtung eines Umweltmanagementsystems von der Unternehmensleitung selbst und nicht von anderen Mitarbeitern ausging, war von Projektbeginn an der notwendige Rückhalt in der Geschäftsführung gegeben. Im Rahmen von Vorgesprächen wurden folgende inhaltliche

Hauptziele der Einrichtung eines Umweltmanagementsystems genannt:

- Reduzieren der umweltschutzbezogenen Kosten,
- Konformität mit den umweltrechtlichen Forderungen,
- Transparenz der Entsorgungswege,
- Dokumentation des betrieblichen Umweltschutzes,
- Erlangen von Wettbewerbsvorteilen.

Hauptziele des Projekts

Information der Mitarbeiter über das geplante Vorhaben

Zu diesem Zeitpunkt, deutlich vor dem eigentlichen Projektbeginn, hat die Geschäftsführung die gesamte Belegschaft über ihren Standpunkt zur Frage des Umweltschutzes sowie über das geplante Projekt unterrichtet. Dies wurde mit unterschiedlichen Methoden in mündlicher und schriftlicher Form (z.B. Mitarbeitergespräche der Abteilungsleiter, Bekanntgabe auf einer Betriebsversammlung vor Projektbeginn) durchgeführt.

Mitarbeiter einbeziehen

Zu diesem Zweck wurde in einem gemeinsamen Workshop die grundlegende umweltbezogene Unternehmenspolitik in Form des folgenden Leitbildes entwickelt:

Leitbild

„Unser Motto:
Wir wollen vertrauensvoll zusammenarbeiten, handeln eigenverantwortlich und konsequent, achten auf Ordnung und Sauberkeit und halten vereinbarte Regelungen ein" (RITTER GMBH, 1996).

Von besonderer Bedeutung ist, daß sich die Geschäftsführung öffentlich zum Umweltschutz bekennt. *„Da Leitbilder im allgemeinen idealtypisch formuliert sind, wirken sie - Glaubhaftigkeit vorausgesetzt - als Motivationsinstrument nach innen und als Public-Relations-Instrument nach außen"* (UNGER).

Die Information der Belegschaft sollte so erfolgen, daß niemand mit Fachbegriffen oder einer überlangen Rede belastet wird, sondern sowohl die schriftlichen als auch die mündlichen Mitteilungen in der „Sprache" der Mitarbeiter verfaßt sind und die im Unternehmen gebräuchlichen Begriffe verwendet werden. Die Mitarbeiter sollten jedoch über wesentliche Grundsätze des betrieblichen Umweltschutzes informiert werden. Dies sind in dem vorliegenden Praxisprojekt:

Unkomplizierte Sprache verwenden

Grundsätze des Projekts

- Bedeutung der Einführung eines Umweltmanagementsystems für das Unternehmen,
- betriebsumfassender Charakter eines solchen Systems,
- Konsequenzen der Einführung für jeden einzelnen Mitarbeiter,
- Bedeutung der aktiven Mitarbeit jedes einzelnen bei der umweltorientierten Gestaltung des Unternehmens.

5.3.2
Projektvorbereitung

Projektdefinition

Projektmanagement ist zur Umsetzung geeignet

Die Erfahrung bei der Einführung des Umweltmanagementsystems hat in dem Projekt gezeigt, daß die Anwendung des Projektmanagements zur Durchführung dieses Vorhabens geeignet ist. Unter einem Projekt versteht man ein

> „Vorhaben, das im wesentlichen durch Einmaligkeit der Bedingungen in ihrer Gesamtheit gekennzeichnet ist, wie z.B. Zielvorgabe, zeitliche, finanzielle, personelle oder andere Begrenzungen, Abgrenzung gegenüber anderen Vorhaben, projektspezifische Organisation" (DEUTSCHES INSTITUT FÜR NORMUNG (1987), S.1).

Grundlagen der Projektarbeit

Bevor die Projektarbeit beginnen kann, sind im Rahmen einer Projektvorstudie das Projektziel und eventuelle Teilziele, die geplante Vorgehensweise, die zur Verfügung stehenden Mittel sowie die Abschätzung der Projektdauer schriftlich festzuhalten. Es sollte geprüft werden, ob und inwieweit das Umweltmanagementsystem mit bereits vorhandenen Managementsystemen, z.B. dem Qualitätsmanagementsystem, gekoppelt werden kann. Sinn einer solchen Kopplung ist die Zusammenführung verschiedener Managementsysteme unter dem Dach eines umfassenden Managementsystems zur Nutzung vorhandener Synergien und Vermeidung von Doppelarbeit.

Projektverantwortlichen benennen

Innerhalb der Unternehmensleitung wird ein Projektverantwortlicher bestimmt, der für die Dauer des Projekts in engem Kontakt mit dem Projektleiter und dem Projektteam steht. Seine Aufgabe besteht vor allem in der kontinuierlichen Information der Unternehmensleitung über den Fortgang der Systemumsetzung sowie in der weisungsrechtlichen Absicherung der Tätigkeiten im Rahmen des Projekts auf oberster Ebene. Die Unterstützung des Projekts durch die Unternehmensleitung ist ein wesentlicher Faktor für eine erfolgreiche Projektdurchführung.

Diese Unterstützung zeigte sich in dem Praxisprojekt unter anderem in

Projektunterstützung durch die Leitung

- einer klaren Zielvorgabe,
- der Sicherstellung einer ausreichenden räumlichen, personellen und Sachmittelausstattung,
- dem eindeutigen Setzen von Prioritäten,
- der Unterstützung bei der Durchführung und Durchsetzung des Projekts, insbesondere in Krisensituationen.

Auf Grundlage der Projektvorstudie wird der Projektauftrag erarbeitet, der das Projektziel, eine kurze Erläuterung zum Sinn des Projekts, den Namen des Projektverantwortlichen sowie terminliche und eventuell auch finanzielle Daten enthält.

Projektauftrag formulieren

Beispielhaft ist hier der Projektauftrag dargestellt:

Projektorganisation zur Umsetzung des Umweltmanagementsystems
Projektauftrag: Einführung des Umweltmanagementsystems entsprechend den Vorgaben der Verordnung (EWG) Nr. 1836/93 sowie der DIN ISO 14001
Projektverantwortlicher: Geschäftsführer
Projektkoordinator: Umweltmanagementbeauftragter
Projektberatung: externes Team
Projektzeitraum: 1½ bis 2 Jahre
Im Rahmen der Einführung des Umweltmanagementsystems sollten vom Unternehmen mit Unterstützung des Verfassers folgende Maßnahmen durchgeführt werden:

Checkliste Projektauftrag

- Bildung einer Projektorganisationsstruktur,
- Formulierung einer Umweltpolitik,
- Situationsanalyse im Unternehmen,
- Formulierung der Umweltziele,
- Erstellung eines Umweltprogramms unter Berücksichtigung aufbau- und ablauforganisatorischer sowie personeller Aspekte,
- Umsetzung ausgewählter Maßnahmen,
- Dokumentation des Umweltmanagementsystems im Rahmen eines Umweltmanagementhandbuchs,
- Institutionalisierung eines Umweltbetriebsprüfungsablaufs.

Projektgrundlage festschreiben	Im Rahmen des Projekts soll ein Projektteam gebildet werden, welches die Einführung des Umweltmanagementsystems organisiert und entsprechende Maßnahmen durchführt. Die Leitung des Projektteams übernimmt ein Projektleiter, der aus dem Unternehmen stammt, um eine erfolgreiche eigenständige Aufrechterhaltung des eingeführten Systems zu gewährleisten. Der Verfasser versteht sich daher als Unterstützung des Projektleiters sowie des Projektteams.

Ernennung des Projektleiters

Bedeutung des Projektteams	Der Erfolg des Projekts hängt sehr stark mit den beteiligten Personen zusammen. Daher ist bei der Auswahl des Projektleiters sowie der Zusammenstellung des Projektteams besondere Sorgfalt geboten. Zunächst wird durch die Geschäftsführung das Anforderungsprofil für den künftigen Projektleiter erarbeitet. Bei seiner Auswahl ist darauf zu achten, daß er neben den fachlichen auch organisatorische Fähigkeiten besitzt. Bei fachlichen Fragen kann sich der Projektleiter von Mitarbeitern beraten lassen. Das Projekt lenken, das Team motivieren und Entscheidungen treffen muß er jedoch in jedem Fall selbst. Daher besitzen die Führungs-, Team- und Kommunikationsfähigkeit einen deutlich höheren Stellenwert als die fachlichen Fähigkeiten. Zu den Anforderungen an den Projektleiter gehören:
Anforderungen an den Projektleiter	• Anleitung und Führung einer Gruppe, • Fähigkeit, Teams zu formen und zu motivieren, • psychologische Fähigkeiten (Umgang mit Menschen), • Planungsfähigkeiten, • kommunikative Fähigkeiten (mündlich, schriftlich, visuelle Veranschaulichung), • Kenntnis umweltschutzbezogener Techniken und Methoden.
Projektleitung im Praxisprojekt	Bei der Auswahl des Projektleiters wurde darauf geachtet, daß er über ausreichend zeitliche Kapazitäten verfügt, um seine Aufgaben erfüllen zu können. Im Praxisprojekt wurde die Rolle des Projektleiters zunächst von dem Verfasser wahrgenommen. Der Grund hierfür lag darin, daß das ausgewählte Unternehmen nur über geringe Erfahrung mit gezielter Projektarbeit verfügte und weder ausgeprägtes Methodenwissen noch um-

weltrelevantes Wissen vorhanden war. Diese Phase wurde jedoch von vornherein als Übergangsphase gewertet. Von Projektbeginn an war klar, daß die Verantwortung für die ökologieorientierte Ausrichtung des Unternehmens bei der Geschäftsleitung liegt. An die inhaltliche Aufgaben des Projektverantwortlichen wurde der Beauftragte für den betrieblichen Umweltschutz herangeführt. Im Pilotprojekt wurden die Bezeichnungen Beauftragter für den betrieblichen Umweltschutz, Umweltmanagementbeauftragter und Umweltbeauftragter gleichwertig für dieselbe Person verwendet.

Planung der Projektarbeit

Zur Vorbereitung der Projektarbeit wurde ein Ablaufplan erstellt. Der Ablaufplan orientiert sich im Aufbau an dem hier vorgestellten Konzept, vgl. Bild 5.2. Somit wird sichergestellt, daß keine für das Umweltmanagementsystem relevanten bzw. in der Verordnung (EWG) Nr. 1836/93 und der Norm DIN ISO 14001 geforderten Punkte übergangen werden. Die Planung der Projektarbeit erfolgt durch den Projektleiter unter Einbeziehung des Projektteams.

Wesentliche bei der Planung zu berücksichtigende Aspekte sind neben der Zeitplanung

- die Zuweisung von Verantwortlichkeiten innerhalb des Projektteams,
- die Planung des Einsatzes der zur Verfügung stehenden Mittel (finanzielle und andere Hilfsmittel wie Personalcomputer, Metaplan-Zubehör, Räumlichkeiten),
- die Sicherstellung der zeitlichen Verfügbarkeit der an den einzelnen Projektschritten beteiligten Personen,
- die Planung von Maßnahmen zur Kontrolle des Projektfortschritts,
- Festlegungen zur Dokumentation des Projektverlaufs (Erstellung, Kontrolle, Lenkung der Dokumente).

Durch unternehmensextern durchgeführte Workshops wird die nötige Kontinuität in der Arbeit sichergestellt. Es wird vermieden, daß die Beteiligten aufgrund anderer „wichtiger Aufgaben" den Workshop zeitweise verlassen. In dieser Projektphase ist die Vorbildfunktion der Leitung besonders gefragt.

Planung der Projektarbeit

5 Konzept zur Umsetzung

Einsatz von visuellen Planungshilfen

Bei der terminlichen Planung der einzelnen Arbeitsschritte werden visuelle Hilfsmittel verwendet. So wurde für die Projektarbeit ein Balkendiagramm angefertigt, das eine grobe zeitliche Übersicht über den gesamten Einführungsprozeß gibt, Bild 5.4. Der im Projekt entwickelte Zeitplan wird an dem Konzept ausgerichtet. In der linken Spalte sind die drei Ebenen des Projekts widergespiegelt. Die Aufgaben werden bis zur Stufe der Arbeitspakete (3. Ebene) aufgeführt und dann mit den Terminen und Daten belegt.

Soll/Ist-Abgleich bei der Terminplanung

Die Projektplanung ist durch den Projektleiter regelmäßig zu überprüfen und dem tatsächlichen Stand der Projektarbeit anzupassen. Darüber hinaus ist eine detaillierte Terminplanung für die jeweils in Kürze bevorstehenden Projektschritte zu erarbeiten.

Terminplanung der Arbeitspakete

Der in Bild 5.5 dargestellte Ausschnitt des Zeitplans bezieht sich auf den ersten Projektabschnitt „Projektanstoß", Modul 2 „Projektvorbereitung" (2. Ebene) mit den Arbeitspaketen (3. Ebene) Projektdefinition, Ernennung des Projektleiters und Planung der Projektarbeit sowie den jeweiligen konkreten Arbeitsschritten des Praxisprojekts.

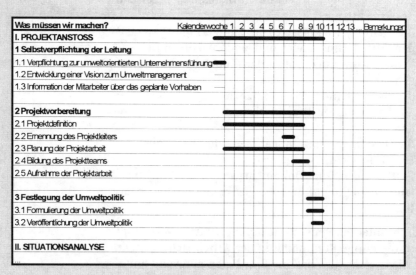

Bild 5.4

5.3.2 Projektvorbereitung

Ausschnitt des Zeitplans

Projektabschnitt 1: Projektanstoß
Modul 2: Projektvorbereitung
Zeitraum 06. Februar 1995 bis 05. März 1995 (Kalenderwochen 6 - 9)

Was müssen wir machen?	ab 01. Jan	06.Feb	07.Feb	08.Feb	09.Feb	10.Feb	13.Feb	14.Feb	15.Feb	16.Feb	17.Feb	20.Feb	21.Feb	22.Feb	23.Feb	24.Feb	27.Feb	28.Feb	verantw.	beteiligt	Ziel
2.1 Projektdefinition	x	x	x	x	x	x	x	x	x	x	x	x	x	x	x	x	x	x			
2.1.1 Abstimmung grundsätzlicher zeitlicher, personeller, finanzieller Vorstellungen bzgl. des Projekts	x																				Abstimmung; Planung/Vorstellung des Unternehmens
2.1.2 Vorabinformation der Führungsmannschaft		im Vorfeld																			Kenntnis über Einführung eines UMS und weiteres Vorgehen
2.1.3 Vorabinformation des Betriebsrates		im Vorfeld																			Kenntnis über die Einführung eines UMS
2.1.4 Bereitstellung erforderlicher Arbeitsmaterialien, Unterlagen, Räume usw. zur Projektarbeit					im Vorfeld																Gewährleistung der Arbeitsfähigkeit des Projektteams im Projektverlauf
2.2 Ernennung des Projektleiters																					
2.2.1 Finestimmung der Führungsmannschaft							x														Sensibilisierung der Führungsmannschaft für die Bedeutung des betrieblichen UM, Kenntnis über Projektablauf, Ziele des Projekts, Vorgehensweise
2.2.2 Auswahl des Projektleiters mit der Führungsmannschaft									x												Bestimmung des Projektleiters, Akzeptanz des Projektleiters innerhalb der Führungsmannschaft
2.3 Planung der Projektarbeit	x	x	x	x	x	x	x	x	x	x	x	x	x	x	x	x	x	x			
2.3.1 Planung der Projektorganisationsstruktur	x	x	x	x	x	x	x	x	x	x	x	x	x	x	x	x	x	x			Arbeitsfähige Projektorganisation
2.3.1.1 Festlegung des personellen Umfangs des Projektteams	x																				Abstimmung; Planung/Vorstellung des Unternehmens
2.3.1.2 Bestimmung über zeitliche Freistellung, Kompetenzen usw. künftiger Mitglieder des Projektteams	x																				Abstimmung; Planung/Vorstellung des Unternehmens
2.3.1.3 Entwicklung von Vorstellungen über die künftige Arbeit des Projektteams	x																				Abstimmung; Planung/Vorstellung des Unternehmens

Bild 5.5

Bildung des Projektteams

Ebenso wichtig wie die Wahl eines geeigneten Projektleiters ist die Auswahl der Mitglieder des Projektteams. Bei der Auswahl der Teammitglieder stehen die fachliche Qualifikation sowie die Teamfähigkeit im Vordergrund (vgl. KEPLINGER, S.104). Fachliche Qualifikation heißt bei der Einführung eines Umweltmanagementsystems die Kenntnis von Umweltmanagementtechniken, vor allem jedoch die Kenntnis der einzelnen Bereiche des Unternehmens und die Fähigkeit der Einschätzung der Umweltrelevanz der verschiedenen Abläufe im Unternehmen.

Geeignete Teamzusammensetzung auswählen

Es ist erforderlich, die Teamzusammensetzung so zu gestalten, daß Mitarbeiter aller Unternehmensbereiche vertreten sind. Neben dem Fachwissen ist somit die Akzeptanz der durch die Einführung des Umweltmanagementsystems bevorstehenden Veränderungen in den einzelnen Unternehmensbereichen zu gewährleisten. In diesem Sinne sind die Mitglieder des Projektteams nicht nur Mitarbeiter am Projekt, sondern auch „Informationsquelle" für die Belegschaft. Bei der Auswahl der Teammitglieder ist ihre zeitliche Verfügbarkeit zu beachten.

Zusammensetzung des Projektteams

Neben Mitarbeitern aus den unterschiedlichen Bereichen des Unternehmens sind auch der Umweltschutzbeauftragte, ein Mitglied des Betriebsrates, die Sicherheitsfachkraft und der Qualitätsmanagementbeauftragte im Projektteam vertreten. Die Teamgröße wird so gewählt, daß das Team die nötige fachliche Kompetenz besitzt, seine Akzeptanz im gesamten Unternehmen sichergestellt und eine effektive Teamarbeit gewährleistet ist.

Im Projekt wurde ein Kernteam (Stamm) mit 6 Mitarbeitern (Werkleitung, Umweltmanagementbeauftragter, 2 Abteilungsleiter, 2 Mitarbeiter) und einem der zwei Geschäftsführer gegründet. Die Koordinationsaufgaben wurden in dieser Phase des Projektverlaufs durch den Verfasser vorgenommen. Darüber hinaus wurde von Projektbeginn an ein erweiterter Arbeitskreis (Arbeitskreis Umweltmanagement, AKUM) mit den Mitgliedern des Kernteams und allen Abteilungsleitern ins Leben gerufen.

Arbeitskreis Umweltmanagement gründen

Der Projektleiter schlägt in Absprache mit der Geschäftsführung geeignete Mitarbeiter vor. Im Rahmen von Gesprächen wird die Eignung zur Mitarbeit durch die Geschäftsführung nochmals überprüft.

Hierbei ist auf eine ausreichende Motivation und die Bereitschaft zur Mitarbeit zu achten. Die Projektarbeit kann nur dann erfolgreich sein, wenn die Teammitglieder von der Richtigkeit und Bedeutung ihrer Aufgabe überzeugt sind und dies auch ihren Kollegen/Kolleginnen in den Abteilungen vermitteln können. Um die Akzeptanz innerhalb des Unternehmens zu gewährleisten, wird die Einberufung des Projektteams durch die Geschäftsführung durchgeführt.

Begeisterung für das Projekt wecken

Aufnahme der Projektarbeit

Die Projektarbeit wird mit einer ersten offiziellen Projektsitzung eröffnet. Der Projektleiter lädt die Angehörigen des Projektteams zur Eröffnungssitzung ein. Diese erste Sitzung dient neben dem offiziellen Projektstart folgenden Zielen:

Die Projektarbeit wird gestartet

- Vorstellung des Projektleiters und gegenseitiges Kennenlernen des Projektteams,
- Schaffung einer guten Arbeitsatmosphäre,
- Erläuterung der Zielsetzung des Projekts und des geplanten Projektablaufs,
- Klärung der Bedeutung des Projekts für das Unternehmen und die Belegschaft,
- Klarstellung der Aufgaben, Verantwortlichkeiten und Kompetenzen von Projektleiter und Teammitgliedern,
- Klärung genereller Fragen zum Projekt.

Checkliste für den Projektstart

Im Rahmen der ersten Projektsitzung werden bereits Teilaspekte nachfolgender Projektschritte wie der Festlegung der Umweltpolitik oder der Bestandsaufnahme bearbeitet. Im Pilotprojekt wurde die erste Projektsitzung beispielsweise dazu genutzt, offensichtliche umweltrelevante Problemschwerpunkte im Bereich des Unternehmens zu erfassen und erste Maßnahmen zur Beseitigung bzw. Verringerung der gefundenen Probleme festzulegen. Hierzu wurden in einem Brainstorming Problemschwerpunkte ausfindig gemacht, auf dem Lageplan des Unternehmens markiert und in einer Liste aufgeführt. Daraufhin wurden unbürokratisch erste Maßnahmen zur Abstellung der aufgefundenen Probleme beschlossen.

Unbürokratisch Problemschwerpunkte angehen

Lageplan des Unternehmens für Visualisierung einsetzen

Die Nutzung eines Lageplans bzw. Grundrisses des Unternehmens oder einzelner Areale ist eine geeignete Visualisierungsmethode, um sich schnell einen Überblick über das Gelände hinsichtlich bestimmter Kriterien zu verschaffen. Diese Methode eignet sich sowohl für das Auffinden von Problemschwerpunkten wie auch zur Darstellung der räumlichen Verteilung von Objekten und Vorrichtungen. Lagepläne können auch als Hilfsmittel bei der Differenzierung und Festlegung der weiteren Vorgehensweise im Rahmen des Projekts genutzt werden.

5.3.3
Festlegung der Umweltpolitik

Umweltpolitik als Fundament zur Verbesserung

Das Unternehmen legt eine betriebliche Umweltpolitik fest, die

> „nicht nur die Einhaltung aller einschlägigen Umweltvorschriften vorsieht, sondern auch Verpflichtungen zur angemessenen kontinuierlichen Verbesserung des betrieblichen Umweltschutzes umfaßt, diese Verpflichtungen müssen darauf abzielen, die Umweltauswirkungen in einem solchen Umfang zu verringern, wie es sich mit der wirtschaftlich vertretbaren Anwendung der besten verfügbaren Technik erreichen läßt". (RAT DER EUROPÄISCHEN GEMEINSCHAFTEN, Art. 3, Abs. a)

Formulierung der Umweltpolitik

Umweltschutz als strategisches Ziel verankern

Durch die Entwicklung der betrieblichen Umweltpolitik wird der Umweltschutz als strategisches Ziel in die allgemeine Unternehmenspolitik aufgenommen. Sie ist verbindliche Handlungsrichtlinie für alle Unternehmensbereiche und bewirkt die notwendige Kontinuität im betrieblichen Handeln.

Die betriebliche Umweltpolitik wird auf den unterschiedlichen Unternehmensebenen unterschiedlich präzise formuliert. Auf der obersten Ebene steht die Einstellung der Leitung zu einer umweltorientierten Führung des Unternehmens. Diese Selbstverpflichtung spiegelt sich in einem plakativen Leitbild wider, vgl. Abschnitt 'Entscheidung der Leitung'.

Leitbild

Umweltleitlinien

Im folgenden Schritt konkretisieren Umweltleitlinien die umweltorientierte Führung des Unternehmens. Sie orientieren sich an den „guten Managementpraktiken", die im Anhang I, Teil D der Verordnung (EWG) Nr. 1836/93 aufgeführt sind.

Für alle Beschäftigten des Unternehmens werden im Anschluß Umweltleitsätze formuliert, die verbindliche Verhaltensanweisungen ausdrücken. In der Verordnung (EWG) Nr. 1836/93 sind Gesichtspunkte, die bei der Formulierung der Umweltleitsätze zu berücksichtigen sind, aufgeführt:

Umweltleitsätze

- Auswirkungen sämtlicher betrieblicher Tätigkeiten auf die Umwelt,
- Umgang mit Energie, Rohstoffen und Wasser,
- Abfallvermeidung und -handling,
- Lärmemissionen,
- Produktionsverfahren,
- Produktplanung,
- Kunden- und Lieferantenbeziehungen,
- Vermeidung von und Vorgehen bei umweltschädigenden Unfällen,
- ökologiebezogene Information und Schulung des Personals,
- ökologiebezogene externe Information (vgl. RAT DER EUROPÄISCHEN GEMEINSCHAFTEN, Anhang I, Teil C).

Checkliste zur Formulierung der Umweltpolitik

Die Umweltleitlinien und -leitsätze wurden durch das Projektteam (AKUM) in Abstimmung mit der Geschäftsführung formuliert. Im Rahmen eines Workshops wurden die Ideen der Projektteammitglieder gesammelt, nach Themengebieten geordnet und zu einer vorläufigen Umweltpolitik zusammengestellt. Wie in allen Workshops und Sitzungen des Projektteams erleichtert und fördert die Verwendung von Visualisierungstechniken (z.B. Metaplan) die Ergebnisfindung.

Die Umweltpolitik wird in gemeinsamen Workshops entwickelt

Die Formulierung der Umweltpolitik erfolgt dabei unternehmensspezifisch. Ein bloßes Abschreiben von den in der Literatur zahlreich veröffentlichten Beispielen zeugt nicht nur von mangelnder Motivation, tatsächlich für den Umweltschutz aktiv zu werden, es ist wegen der fehlenden Schnittpunkte mit den tatsächlichen Abläufen im Unternehmen auch nicht geeignet.

Die Umweltpolitik ist eine unternehmensspezifische Angelegenheit

Entscheidend für den Erfolg des betrieblichen Umweltmanagements ist in Analogie zum Qualitätsmanagement, daß sich alle Mitarbeiter mit der Umweltpolitik identifizieren können und im Rahmen der später daraus abzuleitenden Maßnahmen in das System eingebunden sind. Jeder Mitarbeiter muß sich seiner Umweltschutzverantwortung in seinem jeweiligen Tätigkeitsbereich bewußt sein. Die betriebliche Umweltpolitik wird von der Geschäftsführung offiziell verabschiedet und veröffentlicht.

Geschäftsführung verabschiedet die Umweltpolitik offiziell

Das Erstellen der betrieblichen Umweltpolitik ist keine einmalige Aufgabe. Aufgrund neuer Erkenntnisse bei der kontinuierlichen Weiterentwicklung des Umweltmanagementsystems oder geänderter Anforderungen durch gesetzliche Vorgaben ist eine regelmäßige Kontrolle und Anpassung der Umweltpolitik notwendig.

Veröffentlichung der Umweltpolitik

Die Umweltpolitik wurde schriftlich erstellt. Sie wird sowohl firmenintern wie auch der interessierten Öffentlichkeit (z.B. Nachbarn, Gemeindeverwaltung, regionale Presse) bekanntgegeben. Die unternehmensinterne Veröffentlichung kann in Form einer Broschüre, eines Faltblattes, in der Betriebszeitung oder, wie im Pilotprojekt, durch eine schriftliche Mitarbeiterinformation und Aushang an den vorab installierten Umwelt-Info-Tafeln erfolgen. Ziel ist es, daß jeder Mitarbeiter den Inhalt der Umweltpolitik kennt und diese in seinem Arbeitsbereich umsetzen kann. Die unternehmensexterne Veröffentlichung der Umweltpolitik erfolgt im Rahmen der Umwelterklärung, vgl. Abschnitt 5.3.14 'Erstellung und Validierung der Umwelterklärung'. Dieser Schritt wird von der Verordnung (EWG) Nr. 1836/93 gefordert.

Mitarbeiter gezielt erreichen

5.3.4
Durchführung der Input/Output-Analyse

Im Rahmen der Umweltprüfung erfolgt „*eine erste umfassende Untersuchung der umweltbezogenen Fragestellungen, Auswirkungen und des betrieblichen Umweltschutzes im Zusammenhang mit der Tätigkeit an einem Standort.*" (RAT DER EUROPÄISCHEN GEMEINSCHAFTEN, Art. 2, Abs. b)

Bestimmung der Vorgehensweise

Das Ziel der Input/Output-Analyse besteht in der Untersuchung des umweltschutzbezogenen Ist-Zustands des Unternehmens zu Beginn des Projekts. Die Ergebnisse dieser Analyse bilden die Grundlage zur Vorgabe

Ziel der Input/Output-Analyse

konkreter umweltrelevanter Zielsetzungen im Rahmen der Entwicklung des Umweltprogramms, der Einrichtung des Umweltmanagementsystems und zur Erfassung der Umweltauswirkungen des Standortes.

Erst die ausreichende Erfassung und Darlegung spezifischer Informationen ermöglichen das Aufspüren umweltrelevanter Schwachstellen und die Entwicklung von Maßnahmen zu ihrer Beseitigung. Die Gewissenhaftigkeit, mit der die Vorbereitung und Durchführung der Input/Output-Analyse durchgeführt wird, bestimmt somit zu einem erheblichen Teil das Erneuerungs- und Verbesserungspotential des gesamten Prozesses der Systemumsetzung.

Die Durchführung der Input/Output-Analyse wird durch das Projektteam unter Leitung des Projektleiters organisiert. Die Bestandsaufnahme umfaßt alle Unternehmensbereiche, schließt also neben den der Produktion zugeordneten auch die administrativen Bereiche ein. Da die Verordnung (EWG) Nr. 1836/93 nur eine standortbezogene Umsetzung von Umweltmanagementsystemen vorsieht, entsprechen die Grenzen des Untersuchungsbereiches bei dieser Analyse den Grenzen des jeweiligen Unternehmensstandortes. Bei der Einbeziehung mehrerer Standorte in das Umsetzungsprojekt sind für die einzelnen Standorte separate Input/Output-Analysen durchzuführen.

Grundlagen der Analyse

Als Hilfsmittel bei der Durchführung und Auswertung der Analyse werden Bilanzierungsverfahren herangezogen. Die Vorgehensweise im Rahmen dieser ersten Umweltprüfung entspricht jedoch nicht vollständig den Anforderungen an eine Ökobilanz und kann auch nicht mit dieser gleichgesetzt werden. Die Erfassung der Daten erfolgt in verschiedenen Konten und Unterkonten. Der Kontenrahmen entspricht dem einer Betriebsbilanz, wie sie bereits in zahlreichen umweltorientierten Unternehmen durchgeführt wird, Bild 5.6. Eine weitere Orientierungshilfe bei der Gestaltung der Kontenstruktur sind die in der Verordnung (EWG) Nr. 1836/93 aufgeführten zu behandelnden Gesichtspunkte.

Einteilung nach Konten und Unterkonten

Dynamischer Teil des Kontenrahmens der Input/Output-Bilanz im Fallbeispiel

Input	Menge	Kosten	*Output*	Menge	Kosten
1. Materialien (t)			**1. Materialabgänge (t)**		
1.1 Rohstoffe			1.1 Produkte		
1.1.1 Aluminiumlegierungen			1.1.1 Legierung 226		
1.1.1.1 Legierung 231			1.1.2 Legierung 231		
1.1.1.2 Legierung 226			1.1.3 Legierung 239		
1.1.1.3 Legierung 239			1.1.4 Sonstige		
1.1.1.4 Sonstige			1.2 Abfälle		
1.1.2 Stahl, Eisen			1.2.1 Wertstoffe		
1.2 Hilfsstoffe			1.2.1.1 Aluminium		
1.2.1 Gußteile			*1.2.1.1.1 Gußreste*		
1.2.2 Eingußteile			*1.2.1.1.2 Krätze*		
1.2.3 Verpackungsmaterial			*1.2.1.1.3 Abgüsse mit Eingußteilen*		
			1.2.1.1.4 Späne		
1.3 Betriebsstoffe			*1.2.1.1.5 Sonstiges*		
1.3.1 Trennmittel			1.2.1.2 Stahl/Eisen		
1.3.2 Hydraulikflüssigkeit			1.2.1.3 Papier/Pappe		
1.3.3 Öle, Fette, Schmierstoffe			1.2.2 Reststoffe		
1.3.4 Säuren, Laugen, Chemikalien			1.2.2.1 Gewerbe-/Industriemüll		
1.3.5 Reinigungsmittel			1.2.2.2 Bauschutt		
1.3.6 Gase			1.2.3 Sonderabfälle		
1.3.7 Büromaterial			*1.2.3.1 Ölhaltige Schlämme*		
1.3.8 Sonstiges			*1.2.3.2 Feste fett- u. ölverschmierte Betriebsmittel*		
			1.2.3.3 Alt-Emulsionen		
			1.2.3.4 Altöl		
			1.2.3.5 Ölabscheiderinhalte		
			1.2.3.7 Filterkuchen		
			1.2.3.6 Sonstige		
2. Anlagenzugänge (Stk)			**2. Anlagenabgänge (Stk)**		
2.1 Maschinen /Anlagen			2.1 Maschinen /Anlagen		
2.2 Büro- und Kommunikationsmaschinen			2.2 Büro- und Kommunikationsmaschinen		
2.3 Büroeinrichtungen			2.3 Büroeinrichtungen		
2.4 Fuhrpark			2.4 Fuhrpark		
3. Wasser (m^3)			**3. Abwasser (m^3)**		
3.1 Trinkwasser			3.1 Städtische Kanalisation		
3.2 Regenwasser			3.2 Direkteinleitung		
4. Luft			**4. Abluft**		
4.1 Menge (m^3)			4.1 Menge (m^3)		
			4.2 Belastung (kg)		
5. Energie (MWh)			**5. Energieabgabe (MWh)**		
5.1 Strom			5.1 Restenergie (Wärme, Licht, Lärm)		
5.2 Gas					
5.3 Heizöl					
5.4 Treibstoffe					
5.4.1 Diesel					
5.4.2 Benzin					
5.4.3 Betriebsgas					

Bild 5.6

5.3.4 Durchführung der Input/Output-Analyse

Das Projektteam erarbeitet eine Kontenstruktur, die den Bedingungen des Unternehmens entspricht. Auf der Grundlage dieses Kontenrahmens findet nachfolgend die Datenerhebung statt. Um zu gewährleisten, daß alle umweltrelevanten Punkte berücksichtigt werden, muß das Projektteam alle Abläufe im Unternehmen kennen. Im Bedarfsfall sind Mitarbeiter, die über spezifische Kenntnisse verfügen, in diese Arbeit einzubinden.

Federführung liegt beim Projektteam

Mitarbeiter aus allen Unternehmensbereichen einbeziehen

Die Datenerfassung erfolgt unter Zuhilfenahme verschiedener Erhebungsmethoden. Hierzu gehören die Verwendung von Checklisten und Fragenkatalogen, die auf Grundlage der Kontenstruktur durch das Projektteam zusammengestellt werden. Darüber hinaus werden Daten aus bereits vorhandenen Quellen herangezogen. So erfolgte im Pilotprojekt ein Teil der Datenerhebung auf der Grundlage von Unterlagen aus der Buchhaltung, z.B. einer Übersicht über eingekaufte Roh- und Hilfsstoffe.

Checklisten einsetzen

Beispielhaft ist hier die Checkliste „Input Wasser" dargellt:

Aufbau einer Checkliste Input Wasser

1. Welche Unterlagen über die Wasserversorgung stehen zur Verfügung?
   - Wasserbezugsverträge
   - Wassermengenmessungen
   - Entnahmebewilligung/ -erlaubnis bei Eigenförderung
   - Pläne eigener Gewinnungsanlagen
   - Pläne eigener Aufbereitungsanlagen
   - Wasseranalysen
   - Lagepläne der Versorgungsleitungen
2. Wie hoch ist der Input an Wasser der verschiedenen Qualitäten?
   - Trinkwasser
   - Brauchwasser
   - Regenwasser
   - Spezialwasser
3. Woher stammen die verschiedenen Wasserqualitäten?
   - Fremdbezug
   - Eigenförderung
   - Regenwasseranfall
4. Welche Kosten sind mit der Bereitstellung des jeweiligen Wassers verbunden?
5. Gibt es für die verschiedenen Unternehmensbereiche gesonderte Wasserzähler?
6. Wofür wird das jeweilige Wasser in welcher Menge verwendet (Anlage; m³/Jahr)?

- Kühlwasser
- Dampferzeugung
- Prozeßwasser
- Reinigungswasser
- Sanitärwasser
- Sonstiges

7. Möglichkeiten der Wassereinsparung und Senkung der Wasserkosten
   - größtenteils identisch mit Möglichkeiten zur Verringerung von Abwasserströmen
   - sonstige Möglichkeiten zur Verringerung der betrieblichen Wasserkosten:
     – Einsatz von Brauchwasser statt Trinkwasser
     – Nutzung von Regenwasser

Ablauf der Analyse

Auf Grundlage der erstellten Kontenstruktur wird durch das Projektteam der Prüfungsablauf festgelegt. Hierzu werden die Prüfungsaktivitäten unter den Teammitgliedern aufgeteilt und der Zeitbedarf für die Datenerhebung geplant. Verantwortlichkeiten und Termine für die einzelnen Arbeitsabschnitte werden festgelegt.

Zeitplan aufstellen

Um eine genaue und vollständige Datenerfassung zu gewährleisten, wird für die Durchführung der Analyse ein angemessener Zeitbedarf geplant. Häufig besteht die Ansicht, daß die zu erfassenden Sachbestände bereits hinlänglich bekannt sind, was zu einer unzureichenden Einschätzung des Analysebedarfs führt. Hieraus können fehlende oder falsche Daten resultieren, die mit einem erheblichen zusätzlichen Zeitaufwand nachträglich erfaßt werden müssen.

Mitarbeiter über die Analysetätigkeiten informieren

Um bei den Mitarbeitern die notwendige Bereitschaft zur Unterstützung der Analyse zu gewährleisten, wurden vor Beginn der eigentlichen Analysetätigkeit alle Mitarbeiter über Ziel und Ablauf der Datenerhebung informiert. Im Pilotprojekt wurden diese Informationen beispielsweise an den Umwelt-Info-Tafeln ausgehängt. Damit wird verdeutlicht, welche Bedeutung eine vollständige und korrekte Bestandsaufnahme für die Einführung des Umweltmanagementsystems und damit für den Betrieb und die Mitarbeiter hat. Jedoch muß sichergestellt werden, daß die Mitarbeiter keinerlei negative Konsequenzen zu befürchten haben.

Datenerfassung

Mit Hilfe der vorbereiteten Checklisten und Fragen werden auf der „Inputseite" alle eingekauften Rohstoffe, Materialien und Handelswaren erfaßt. Auf der „Outputseite" werden alle verkauften Produkte, alle Abfälle sowie die stofflichen und energetischen Emissionen ermittelt. Zusätzlich werden in einem statischen Bilanzteil alle innerhalb des Unternehmens befindlichen Güter und Ressourcen zusammengestellt.

Alle Stoff- und Energieströme erfassen

Zur Ermittlung der Daten werden Besichtigungen, Messungen und Interviews mit den in den jeweiligen Bereichen tätigen Mitarbeitern durchgeführt. Informationen, die bereits für andere Zwecke, z.B. im Zuge einer Überwachung durch Behörden (z.B. Gewerbeaufsichtsamt), ermittelt wurden, werden eingebunden (vgl. DEUTSCHES INSTITUT FÜR NORMUNG (1996), Anhang A.4.2.1). Diese Informationen können bereits direkt in den jeweiligen Abteilungen oder in anderen Bereichen wie der Buchhaltung, dem Qualitätswesen oder dem Controlling vorliegen.

Auf vorhandene Informationen zurückgreifen

Insbesondere im Punkt Datenerfassung, in dem, wie z.B. bei der Mitarbeiterbefragung, subjektive Einschätzungen im Vordergrund stehen, darf nicht vernachlässigt werden, daß das Aufdecken von Mißständen eine größere Bedeutung besitzt als positive Resultate bereits durchgeführter Umweltschutzmaßnahmen. Aus offengelegten Mängelsituationen ergeben sich die größten Verbesserungspotentiale und die besten Möglichkeiten, den betrieblichen Umweltschutz positiv zu entwickeln.

Auf Mängel hinweisen

Um die spätere Auswertung und Bilanzierung der erfaßten Daten zu vereinfachen, werden nach Möglichkeit alle Daten in den Einheiten [kg] bzw. [kWh] erfaßt. Wo dies nicht durchführbar ist, wird auf andere Größen wie Stück oder Meter ausgewichen. Neben den Umweltaspekten, die im Zusammenhang mit dem Normalbetrieb der Anlagen auftreten, werden auch diejenigen Auswirkungen untersucht, die in Störfällen und Notsituationen auftreten könnten.

Einfache Einheiten verwenden

Erstellung der Input/Output-Bilanz

In der Input/Output-Bilanz werden die Ergebnisse der Datenerhebung zusammengefaßt und übersichtlich dargestellt. Diese Bilanz ist neben dem Bericht über die vorhandene Umweltschutz-Organisation (vgl. Abschn. 5.3.5 'Erhebungen zur Umweltschutz-Organisation') das

Ergebnisse zusammenstellen

grundlegende Dokument zur Erstellung des Umweltprogramms und somit zur Einführung des Umweltmanagementsystems.

Die ökologische Bilanzierung beruht auf dem 1. Hauptsatz der Thermodynamik, der besagt, daß Materie und Energie nur in andere Formen umgewandelt werden, jedoch nicht verlorengehen oder aus dem Nichts entstehen können. Unter Berücksichtigung der innerhalb eines Systems befindlichen Bestände an Materie und Energie müssen also alle Eingangsgrößen wieder auf der Ausgangsseite nachweisbar sein.

Statischer und dynamischer Bilanzteil

Die Bilanz besteht aus einem statischen und einem dynamischen Teil, Bild 5.7. Im statischen Bilanzteil werden diejenigen Güter aufgeführt, die die Systemgrenze nicht überschreiten, d.h. stationär im Unternehmen verbleiben. Hierzu gehören hauptsächlich der Boden, Gebäude, Anlagen, aber auch bewegliche Güter wie der Fuhrpark oder der Lagerbestand. Im dynamischen Teil werden alle stofflichen und energetischen Güter erfaßt, die die Systemgrenzen überschreiten, also entweder von außen in den Betrieb eintreten oder ihn verlassen.

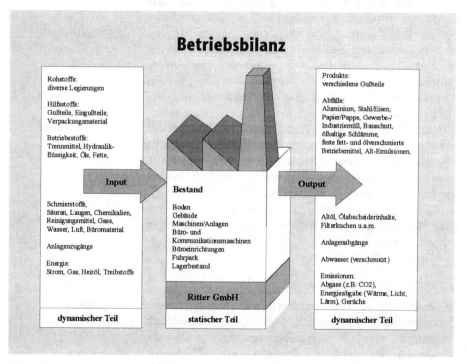

Bild 5.7

Im Gegensatz zu einer „end-of-pipe"-Betrachtung stellt die Input/Output-Bilanz die Bedeutung der Input-Seite heraus und zwingt durch die Gegenüberstellung zu einer gleichrangigen Betrachtung dieser Größen.

Vorteile der Bilanzierung

Diese Vorgehensweise verdeutlicht, daß bereits die Auswahl der eingekauften Roh-, Hilfs- und Betriebsstoffe ein wesentlicher Ansatzpunkt für die Reduzierung von Abfällen und Emissionen ist. Unstimmigkeiten zwischen Ein- und Ausgangsgrößen lassen auf noch nicht erkannte Stoff- oder Energieströme schließen.

Die Darstellung der Bilanzergebnisse erfolgt in der Regel in tabellarischer Form. Um bestimmte, besonders relevante Stoff- oder Energieflüsse zu veranschaulichen, werden grafische Darstellungen wie Fließbilder oder Sankey-Diagramme eingesetzt. Durch diese Abbildungsform werden Problemschwerpunkte besonders deutlich hervorgehoben (Bilder 5.8 und 5.9).

Bei der Bilanzerstellung ist auf die Vollständigkeit und Reproduzierbarkeit zu achten. Lücken der Datenerfassung sind als solche zu kennzeichnen. Fehlenden Daten werden im Verlauf späterer Prüfungszyklen nachgetragen. Um die Vergleichbarkeit der im Verlauf mehrerer Prüfungen erstellten Bilanzen zu gewährleisten, muß der Erhebungsweg, die Informationsquelle und die Umrechnungen aller Daten, eindeutig gekennzeichnet sein.

Datenerfassung muß eindeutig sein

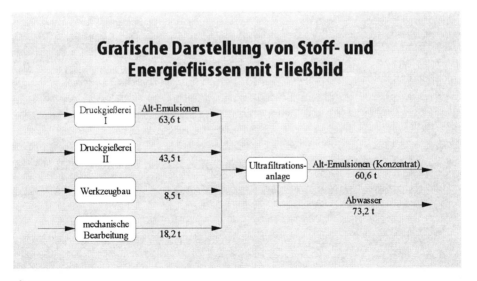

Bild 5.8

5.3.5
Erhebungen zur Umweltschutz-Organisation

„Eine Organisation, die noch über kein Umweltmanagementsystem verfügt, sollte in einem ersten Schritt ihren Ausgangszustand durch eine Umweltprüfung ermitteln. Das Ziel sollte die Erarbeitung aller Umweltaspekte der Organisation als Basis für die Erstellung eines Umweltmanagementsystems sein." (DEUTSCHES INSTITUT FÜR NORMUNG (1996), Anhang A.4.2.1)

Erfassung rechtlicher und normativer Rahmenbedingungen

Rechtsgrundlagen erfassen

Die Einführung eines Umweltmanagementsystems erfordert die Einrichtung von Verfahren für die Aufzeichnung aller Rechts- und Verwaltungsvorschriften (vgl. RAT DER EUROPÄISCHEN GEMEINSCHAFTEN, Anhang I, Teil B, Abs. 3). Daher und aus Gründen der Rechtssicherheit ist es erforderlich, im Rahmen der Umweltprüfung neben den normativen Anforderungen an ein Umweltmanagementsystem auch alle umweltrechtlichen Regelungen zu erfassen.

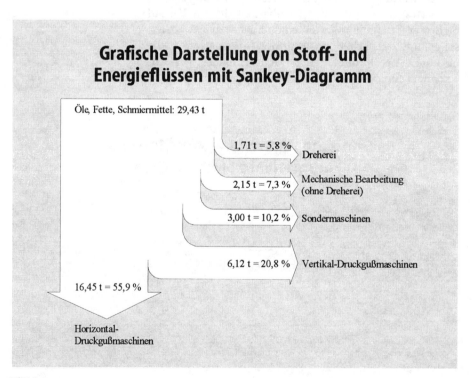

Bild 5.9

Hier erfolgt eine kurze Auflistung einiger rechtlicher Grundlagen, die sich speziell auf die Organisationsstruktur im Pilotunternehmen beziehen (vgl. BENZ ET AL.; HAFTPFLICHTVERBAND DER DEUTSCHEN INDUSTRIE, S.5 ff.; LFU BADEN-WÜRTTEMBERG, S.53 f.):

- § 52a Bundesimmissionsschutzgesetz (BImSchG) verpflichtet Betreiber genehmigungspflichtiger Anlagen zu verstärkten Organisationspflichten im Umweltschutz. Hier ist insbesondere der Betrieb der Schmelzanlagen und der Druckgußmaschinen betroffen.   *Bundesimmissionsschutzgesetz*

- § 53 des Kreislaufwirtschafts- und Abfallgesetzes (KrW-/AbfG), das im Oktober 1996 das bisherige Abfallgesetz (AbfG) ablöst, erweitert diese Organisationspflichten. Wesentliche Bestandteile dieser Organisationspflichten bestehen in der Benennung von Beauftragten für Umweltschutzaufgaben sowie der Schaffung und Darlegung einer definierten Aufbau- und Ablauforganisation des Umweltschutzes im Unternehmen, vgl. Kapitel 5.3.10 'Durchführung organisatorischer Maßnahmen'. Diese sind im Fallbeispiel durch die Erstellung des Umweltmanagementhandbuchs, insbesondere im Organigramm, festgehalten. Die Grundlagen für die Aufgabenverteilung wurden in Workshops vereinbart.   *Kreislaufwirtschafts- und Abfallgesetz*

- Die strafrechtliche Verantwortung für Verstöße gegen umweltrechtliche Vorschriften bzw. für Schäden, die Dritten aufgrund eines Organisationsverschuldens entstehen, wird in den §§ 823 und 831 des Bürgerlichen Gesetzbuchs (BGB) geregelt. § 14 Strafgesetzbuch (StGB) behandelt die Übertragung strafrechtlicher Verantwortung vom Unternehmen auf seine Vertreter und Beauftragten, insbesondere die Unternehmensleitung. Darüber hinaus regeln die §§ 324 ff. StGB Straftaten gegen die Umwelt. § 130 Ordnungswidrigkeitengesetz (OWiG) enthält Regelungen für den Fall der Verletzung der betrieblichen Aufsichtspflicht von Unternehmensinhabern und -leitung gegenüber Dritten.   *Bezug zum Bürgerlichen Gesetzbuch* *Ordnungswidrigkeitengesetz*

- Das Umwelthaftungsgesetz (UmweltHG) regelt schließlich die Sorgfaltspflicht von Anlagenbetreibern. Nach § 1 dieses Gesetzes haftet der Betreiber einer Anlage gegenüber dem Geschädigten bei negativen Umwelteinwirkungen. Diese Haftung   *Umwelthaftungsgesetz*

5 Konzept zur Umsetzung

Lückenlose Dokumentation zur Nachweisführung

gilt auch, wenn dem Anlagenbetreiber kein sorgfaltswidriges Verhalten nachgewiesen werden kann. Die Gefahr der Haftung kann nur durch den konsequenten Nachweis und eine vollständige Dokumentation der Organisation, z.B. in Form von Verfahrens-, Arbeits- und Betriebsanweisungen verringert werden, vgl. Kapitel 5.3.10 'Durchführung organisatorischer Maßnahmen'.

Die Zusammenstellung relevanten Vorschriften erfolgt durch das Projektteam. Darüber hinaus werden bei kritischen Fragen externe Fachleute herangezogen, die mit dem Umweltrecht vertraut sind.

Quellen für Informationen zum Umweltschutz

Die Sammlung der relevanten Vorschriften erfolgt mit Hilfe von Literaturrecherchen. Hinweise und Informationen werden von verschiedenen Institutionen eingeholt (z.B. Industrie- und Handelskammer, Handwerkskammer, Landratsamt, Umweltamt, Branchen- und Berufsverbände, Umweltbundesamt, Gewerbeaufsichtsamt).

Betriebliche Organisation des Umweltschutzes im Fallbeispiel

Verordnung Gesetz / Org.pflichten	BImSchG	WHG	AbfG/ KrW-/AbfG	UnfallVV	Brandschutz	...
Beauftragter	✔	✔	✔	✔	✔	
Messungen	✔					
Berichte	✔	✔	✔	✔		
Alarm- und Notfallplanung	✔	✔		✔	✔	
Schulung	✔		✔	✔	✔	
Information	✔	✔		✔	✔	
Dokumentation	✔	✔	✔	✔	✔	
...						

Bild 5.10

Ist-Analyse der Organisation

Um die bereits vorhandenen Strukturen der Bereiche, Umweltschutz- und Sicherheitsbeauftragte für den Aufbau des Umweltmanagementsystems zu nutzen und organisatorische Lücken aufzudecken, ist eine genaue Analyse der umweltrelevanten Organisationsstruktur und der damit verbundenen Aufgaben des Unternehmens vorzunehmen. Diese Analyse erfolgt durch das Projektteam. Hierzu werden Checklisten eingesetzt sowie Mitarbeiterbefragungen durchgeführt.

Potentiale zur Entwicklung ausfindig machen

Zunächst sind alle umweltschutzrelevanten Funktionen und Tätigkeiten im Unternehmen zu ermitteln. Hierzu gehören zum einen die klassischen Umweltschutzaufgaben wie Kontrollen, Meßberichte, Berichterstellung und Notfallregelungen, aber auch Managementaufgaben wie Mitarbeiterschulung, -information und -motivation, die Einrichtung von Projektgruppen sowie die Datensammlung und -weiterleitung.

Unternehmensfunktionen, die bereits mit Umweltschutz zu tun haben

Die Verantwortlichkeiten für die einzelnen umweltrelevanten Tätigkeiten werden ermittelt. Hierzu wurden folgende Fragen geklärt:

- Wer ist verantwortlich?
- Wer führt die Aufgaben aus?
- Wer muß informiert werden?
- Wer entscheidet?
- Gibt es Schnittstellenregelungen?
- Wurde ein Vertreter benannt?

Ermitteln, wer wofür verantwortlich ist

Es wird durch die Mitglieder des Projektteams geprüft, ob die für bestimmte Aufgaben verantwortlichen Mitarbeiter über ausreichende Kapazitäten für diese Aufgabe verfügen.

Die Dokumentation der relevanten Funktionen, Tätigkeiten und Verantwortlichkeiten ist zu prüfen. Entsprechende Unterlagen könnten beispielsweise in Form von Verfahrens-, Arbeits- und Betriebsanweisungen oder Stellenbeschreibungen vorliegen. An dieser Stelle sind gleichzeitig das Vorhandensein sowie die Verfahren zur Erstellung, Handhabung, Bekanntmachung, Erneuerung und ggf. Vernichtung aller umweltrelevanten Dokumente zu hinterfragen, vgl. Kapitel 5.3.12 'Dokumentation'.

Auf vorhandene Dokumente zurückgreifen

Darstellung der vorhandenen Umweltschutz-Organisation

Ergebnisse dokumentieren

Die Ergebnisse der Bestandsaufnahme der vorhandenen Umweltschutz-Organisation werden in einem Prüfungsbericht festgehalten. Dieser Bericht bildet zusammen mit der Input/Output-Bilanz (Umweltbericht) die Grundlage für die Erstellung des Umweltprogramms und somit für die Einrichtung des Umweltmanagementsystems auf der Grundlage der kontinuierlichen Verbesserung des betrieblichen Umweltschutzes.

Organisationsstrukturen weiterentwickeln

Das vorhandene Organigramm und die damit verbundene Organisationsstruktur wurde weiterentwickelt. Die Mitarbeiter des Kernteams (AKUM) wurden neben ihrer Tätigkeit als Abteilungsleiter zu Beauftragten für arbeits- und umweltschutzrelevante Aufgaben bestellt.

5.3.6
Beurteilung der Umweltsituation

Bericht der Umweltprüfung erstellen

Auf der Grundlage der technischen und organisatorischen Bestandsaufnahmen wird ein Profil der betrieblichen Umweltschutzaktivitäten als Bericht zusammengestellt. Dieses Profil spiegelt in komprimierter Form die Ergebnisse der Bestandsaufnahme wider und dient als Grundlage der weiteren Vorgehensweise.

Auswertung und Kommentierung der Daten

Die Umweltschutzsituation des Unternehmens abchecken

Die Auswertung der in der Betriebsbilanz gesammelten Daten wird durch das Projektteam durchgeführt. Hierzu werden die Daten getrennt bewertet. Kriterien für die Beurteilung der Daten sind:

- die Einhaltung umweltrechtlicher Vorschriften (z.B. Gebote, Verbote, Grenzwerte),
- die Einhaltung behördlicher Auflagen,
- die Einhaltung innerbetrieblicher Vorgaben und Ziele wie Ressourcenschonung, Energieeinsparung, Vermeidung öffentlich umstrittener Stoffe,
- ökologisches Belastungspotential im Normalfall unter Berücksichtigung des gesamten Produktlebenszyklus,
- das ökologische Risikopotential.

Die Info's und Daten gemeinsam auswerten

Die zusammengestellten Daten werden einer kritischen Betrachtung unterzogen und daraufhin entsprechend kommentiert. Dies erfolgte auf Arbeitssitzungen in

Form von moderierten Workshops. Neben der inhaltlichen Analyse der ermittelten Zahlen und der ökologischen Bedeutung für das Unternehmen erfolgt ein Vergleich mit den Daten zurückliegender Erhebungen sowie mit betriebsinternen und branchenüblichen Erfahrungswerten und Kennzahlen. Somit ist es möglich, die umweltschutzbezogene Entwicklung des Unternehmens aufzuzeigen. Sind Branchen-Kennzahlen verfügbar, ist eine Einordnung der eigenen Position im Vergleich zum Stand der Technik sowie im Verhältnis zu anderen Unternehmen gleicher Branche und Größe möglich (Benchmarking, Öko-Ranking).

Ziel der Datenbewertung ist es, ökologische Schwachstellen und Verbesserungspotentiale ausfindig zu machen. Daraus werden Handlungsmöglichkeiten für den betrieblichen Umweltschutz abgeleitet. Zu diesem Zweck erfolgt neben der ökologischen Einschätzung der eingesetzten Materialien und Energie auch die Betrachtung der Stoff- und Energieflüsse innerhalb des Unternehmens.

Handlungsfelder für den Umweltschutz entwickeln

Der Verbrauch an Betriebsmitteln und Energie soll so gering wie möglich gehalten werden. Hierbei wird insbesondere auf Möglichkeiten einer geschlossenen Kreislaufführung von Stoffen geachtet, die bisher ungenutzt in Form von Emissionen das Unternehmen verlassen. Es wird angestrebt, alle eingesetzten Betriebs- und Hilfsstoffe in Stoffkreisläufen zu führen.

Durch die Auswertung der Analysedaten werden Prioritäten des betrieblichen Umweltschutzes gesetzt. Hieraus folgt die Präzisierung der Umweltpolitik wie auch der Entwicklung ökologiebezogener Unternehmensziele und der Erarbeitung des Umweltprogramms. Hiermit sind folgende Fragen verbunden:

Die Umweltpolitik auf Grundlage der Bilanzergebnisse präzisieren

- Wo liegen die ökologischen Hauptprobleme und Verbesserungspotentiale?
- Wo entstehen die meisten umweltbezogenen Kosten?
- Welcher Bereich sollte deshalb genauer untersucht werden?

Die Bewertung der erfaßten Daten erfolgt unter Zuhilfenahme verschiedener Umweltmanagementtechniken. Die am häufigsten angewandten Bewertungsverfahren sind die verbal-argumentative Bewertung und die Anwendung der ABC/XYZ-Analyse. Zur Ermittlung des

Die Daten mit Hilfe von Managementsystemen systematisch bearbeiten

Risikos von Anlagen und Einrichtungen wird auf folgende Methoden zurückgegriffen:

- Auswertung eines Fragenkatalogs mit spezifischen Fragen zur Feststellung von Risiken,
- Auswertung von Unfall- und Zwischenfallstatistiken und -protokollen,
- Fehlermöglichkeits- und -einflußanalyse (FMEA),
- Ursache-Wirkungs-Analyse,
- Unfallszenario-Methode.

Die Vorgaben aus Normen beachten

Als Kriterien zur Bewertung organisatorischer Vorgaben im betrieblichen Umweltschutz auf der Grundlage der Betriebsbilanz dienen u.a.:

- Vorgaben aus dem Umweltrecht, z.B. Pflicht zur Bestellung von Betriebsbeauftragten, betriebliche Organisationspflichten gemäß § 52a BImSchG,
- Vorgaben aus dem Straf- und Umwelthaftungsrecht,
- Anforderungen der Verordnung (EWG) Nr. 1836/93 und der DIN EN ISO 14001.

Um eine Bewertung der betrieblichen Umweltschutz-Organisation und die Ermittlung von Handlungsprioritäten zu ermöglichen, wurde hier die ABC/XYZ-Analyse eingesetzt.

Ergebnispräsentation

Systematische Darstellung der Ergebnisse

Die Ergebnisse der Bestandsaufnahme und die Beurteilung dieser Ergebnisse werden in einem Bericht zusammengefaßt. Dabei werden die erkannten Schwachstellen und aus ihnen resultierende Verbesserungsmöglichkeiten kenntlich gemacht. Zur Darstellung werden vorrangig Tabellen eingesetzt (Tabelle 5.4).

Visualisierungsmethoden einsetzen

Die Ergebnisse der Bestandsaufnahme wurden der Geschäftsführung und dem Führungskreis (erweiterter Arbeitskreis, alle Abteilungsleiter) dargelegt und erläutert. Die Darstellung wird unter Zuhilfenahme von Präsentationstechniken (z.B. Metaplan) so gestaltet, daß wesentliche Erkenntnisse hervorgehoben werden, die Darlegung jedoch einfach und übersichtlich bleibt.

Tabelle 5.4. Beispiele für Schwachstellen und Verbesserungspotentiale im Fallbeispiel

Schwachstellen	Verbesserungspotentiale
Hoher Mengendurchfluß an Werkstoffen	Sekundärteileherstellung
	abfallarme Prozeßtechnologien
Risiken durch Gefahrstoffverwendung	Ausweichstoffe einsetzen
	alternative Prozeßtechnologien
	spezielle Unterweisung des Personals
	Überprüfung arbeits- und unfalltechnischer Sicherheitsvorkehrungen
unbekannter Verbleib von flüssigen Stoffen	Nachbilanzierung über längere Zeiträume
	Überprüfung von Gefäßen zur Stofflagerung
	Bodenprüfungen, Bodenproben
	MAK- und Emissionsanalysen an in Frage kommenden Stellen, Gießereien

Die Mitarbeiter in den einzelnen Unternehmensbereichen werden über die für sie relevanten Ergebnisse der Bestandsaufnahme im Rahmen von Gruppensitzungen, an den Umwelt-Info-Tafeln und im Umweltbericht informiert. Ziel dieser Information ist es, die Mitarbeiter für die Umsetzung des betrieblichen Umweltschutzes zu gewinnen und sie auf Veränderungen, die im Rahmen der Einführung des Umweltmanagementsystems bevorstehen, einzustimmen.

Mitarbeiter gezielt einbeziehen

5.3.7
Anpassung der Umweltpolitik

> „Die Umweltpolitik des Unternehmens wird (...) in regelmäßigen Zeitabständen insbesondere im Lichte von Umweltbetriebsprüfungen überprüft und gegebenenfalls angepaßt. Sie wird den Beschäftigten des Unternehmens mitgeteilt und der Öffentlichkeit zugänglich gemacht." (RAT DER EUROPÄISCHEN GEMEINSCHAFTEN, Anhang I, Teil A, Abs. 2)

Ergibt sich auf der Grundlage der Ergebnisse der ersten Umweltprüfung oder einer Umweltbetriebsprüfung die Notwendigkeit für die Anpassung der Umweltpolitik, wird diese durch das Projektteam in Abstimmung mit der Unternehmensleitung an die neuen Erfordernisse angeglichen. Das Verfahren hierzu ist im Abschn. 5.3.3 'Festlegung der Umweltpolitik' beschrieben.

Auf Veränderungen reagieren

Im Projekt ist es aufgrund der Ergebnisse der Bestandsaufnahme nicht erforderlich geworden, die Umweltpolitik anzupassen.

5.3.8
Bestimmung der Umweltziele

Ziele - Voraussetzung für Verbesserungen

„Das Unternehmen legt seine Umweltziele auf allen betroffenen Unternehmensebenen fest. Die Ziele müssen im Einklang mit der Umweltpolitik stehen und so formuliert sein, daß die Verpflichtung zur stetigen Verbesserung des betrieblichen Umweltschutzes, wo immer dies in der Praxis möglich ist, quantitativ bestimmt und mit Zeitvorgaben versehen wird." (RAT DER EUROPÄISCHEN GEMEINSCHAFTEN, Anhang I, Teil A, Abs. 4)

Formulierung standortbezogener Umweltziele

Das Projektteam bereitet die Zielformulierungen vor

Auf der Grundlage der Umweltpolitik und der Ergebnisse der ersten Umweltprüfung bzw. später der Umweltbetriebsprüfungen formuliert das Projektteam in Abstimmung mit der Geschäftsführung standortbezogene Umweltziele. Bei Unternehmen mit mehreren Standorten wird die unternehmensweite Umweltpolitik den Erfordernissen am jeweiligen Standort angeglichen. Zur Formulierung der Umweltziele, insbesondere bei ihrer Quantifizierung, werden Mitarbeiter aus den Abteilungen einbezogen.

Die strategisch-abstrakten Umweltziele konkretisieren die Umweltpolitik, wobei diese im Projekt an den folgenden übergeordneten Gesichtspunkten ausgerichtet wurden:

Checkliste für mögliche umweltrelevante Ziele

- Reduzierung der umweltrelevanten Kosten insgesamt,
- Senkung der Energiekosten,
- Nutzung der Abwärme,
- Reduzierung der Emissionen,
- Herabsetzung der Wassergefährdungsklassen verwendeter Betriebsstoffe,
- Senkung des Betriebsmittelverbrauchs,
- Minimierung des Abfalls,
- Senkung des Frischwasserverbrauchs,
- Verbesserung der Sauberkeit am Arbeitsplatz,
- Mehrfachnutzung von Verpackungsmaterial,

- Minimierung des Druckluftverbrauchs,
- Reduzierung der Lärmemission.

Die Umweltziele werden, soweit dies möglich ist, mit quantitativen Angaben versehen. Somit setzt sich das Unternehmen eine Meßlatte zur Umsetzung dieser Ziele. Ein Unternehmen, das ernsthaft nach einer kontinuierlichen Verbesserung des Umweltschutzes stebt, stellt sich dieser Herausforderung (vgl. GLAAP, S.68). Ausschlaggebend für den Erfolg bei der Umsetzung ist die Erreichbarkeit der Ziele. Anderenfalls führt ein Scheitern an diesen Zielen zur Frustration und Demotivierung aller Beteiligten. Zwar besteht die Möglichkeit, die Ziele den jeweils aktuellen Erfordernissen anzupassen, eine Zielkorrektur in Richtung der Abschwächung der Ziele führt jedoch schnell zum Verlust der Glaubwürdigkeit bei den Mitarbeitern.

Die Umweltziele meßbar machen

Veröffentlichung der Umweltziele

Die Umweltziele werden allen Mitarbeitern des Unternehmens durch Mitarbeitergespräche, eine schriftliche Mitarbeiterinformation und einen Aushang an der Umwelt-Info-Tafel mitgeteilt. Hierbei wird auf eine einfache und verständliche Formulierung geachtet. Darüber hinaus sind die Umweltziele der Öffentlichkeit zugänglich zu machen, vgl. Kapitel 5.3.14 'Erstellung und Validierung der Umwelterklärung'.

Eine angemessene Sprache verwenden

Die Formulierung von Umweltzielen wird hier beispielhaft an der Senkung des Betriebsmittelverbrauchs beschrieben. Auf der Grundlage der Ergebnisse der ersten Betriebsbilanz wurden für das Unternehmen spezifische Kennzahlen (Quotienten) ermittelt. Diese Kennzahlen bilden die Grundlage zur Formulierung von Detailzielen (siehe Abschn. 5.3.9).

Umweltrelevante Kennzahlen

So wurden beispielsweise im Jahr 1994 für jede Tonne verkauften Produktes

- 13,27 kg Trennmittel,
- 10,27 kg Hydraulikflüssigkeit,
- 11,02 kg Öle, Fette und Schmierstoffe sowie
- 4,95 kg Säuren, Laugen und sonstige Chemikalien

Beispielhafte Kennzahlen

eingesetzt.

Der überwiegende Verbrauch findet jedoch nur in den beiden Gießereien (Vertikal- und Horizontal-Druckgußmaschinen) statt. Durch die Anwendung der

Prioritäten mit der ABC-Analyse festlegen

ABC-Analyse wurde eine Reihenfolge aufgestellt, aus der hervorging, daß zunächst nur in diesen beiden Abteilungen eine Senkung des Betriebsmittelverbrauchs pro gefertigtem Gußteil um 5% erreicht werden soll.

Darüber hinaus bilden die aufgestellten Kennzahlen die Grundlage für das ökologieorientierte Controllingsystem und die Basis für die Anwendung des Prinzips der kontinuierlichen Verbesserung (siehe Abschn. 5.3.10 und 5.3.15).

5.3.9
Bestimmung des Umweltprogramms

Mit der Festlegung des Umweltprogramms erfolgt

> „eine Beschreibung der konkreten Ziele und Tätigkeiten des Unternehmens, die einen größeren Schutz der Umwelt an einem bestimmten Standort gewährleisten sollen, einschließlich einer Beschreibung der zur Erreichung dieser Ziele getroffenen oder in Betracht gezogenen Maßnahmen und der gegebenenfalls festgelegten Fristen für die Durchführung dieser Maßnahmen." (RAT DER EUROPÄISCHEN GEMEINSCHAFTEN, Art.2, Abs. c)

Festlegung operationaler Detailziele

Der Weg von den Zielen zu Maßnahmen

Im Umweltprogramm werden die konkreten Maßnahmen aufgezeigt, mit deren Hilfe die gestellten Umweltziele erreicht werden sollen. Durch die Umsetzung der im Umweltprogramm festgeschriebenen Maßnahmen wird die betriebliche Umweltpolitik in die Tat umgesetzt und das Umweltmanagementsystem mit „Leben" erfüllt.

Im wesentlichen beschreibt das Umweltprogramm

Checkliste zum Umweltprogramm

- quantifizierte und terminierte Detailziele,
- die zur Erreichung dieser Ziele geplanten Maßnahmen,
- die für die Maßnahmenumsetzung verantwortlichen Personen sowie
- die zur Maßnahmenerfüllung zur Verfügung stehenden Mittel.

Das 'was' und 'wieviel' im Umweltprogramm

Während Umweltziele eher das 'was' und 'wieviel' beschreiben, ist im Umweltprogramm festzulegen, wie, wann und von wem welche Maßnahmen umgesetzt werden (vgl. EGGERT, S.200).

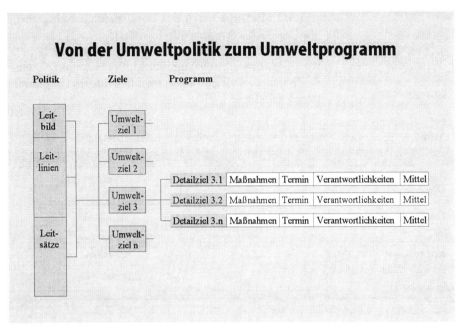

Bild 5.11

Das Projektteam entwickelt in moderierten Workshops aus den Umweltzielen konkrete, in einem festgelegten Zeitraum umsetzbare Detailziele. Diese Ziele beziehen sich direkt auf die einzelnen Unternehmensbereiche und die verschiedenen Kontenpositionen der Betriebsbilanz. Bei der Entwicklung der Detailziele werden die Mitarbeiter des jeweils betroffenen Bereiches (z.B. Einkauf, Produktion) eingebunden. Die betroffenen Abteilungsleiter der Bereiche werden in die Erarbeitung und Formulierung der Ziele, die für sie verbindlich sind, einbezogen. Dadurch werden das Verantwortungsbewußtsein und das Interesse an der Zielerreichung gefördert.

Alle betroffenen Mitarbeiter werden einbezogen

Die Detailziele werden quantifiziert und der Zeitpunkt ihrer Erreichung wird festgelegt. Erfolgt keine derartige Festlegung der Detailziele, „*so ist umweltfreundliches Verhalten ein Verlangen, das auch bei gutem Willen der zuständigen Entscheidungsträger (...) nicht gesichert ist*" (STREBEL (1980), S.75).

Detailziele meßbar machen

Auf Grundlage der Ergebnisse der Bestandsaufnahme wird durch das Projektteam und die Abteilungsleitung eine Reihenfolge zur Umsetzung der Ziele festge-

Umweltprogramm in Tabellenform

legt. Um die Prioritäten der Detailziele zu bestimmen, wird eine ABC-Analyse durchgeführt.

Aus dieser konzeptionellen Vorgehensweise heraus wird der Umweltprogrammpunkt für das zu erreichende Ziel entwickelt und dann in Tabellenform dargestellt (siehe Tabelle 5.5).

Tabelle 5.5. Beispielhafter Ausschnitt des Umweltprogramms für ein umweltrelevantes Problem

Projektname/Problem: Schleifschlamm	*lfd. Nr.:* 9
Bereich: Hof	*Priorität:*
konkretes Ziel: Sichere Lagerung des Schleifschlamms	*Umsetzung:*
durchzuführende Maßnahmen und Zuständigkeiten: • Fahrbarer Behälter zur Entwässerung des Schleifschlamms ist unter Rolldach zu stellen, um die Trocknung des Schlamms zu ermöglichen. (Instandhaltung) • Mit Nachbarunternehmen ist abzustimmen, inwieweit die Möglichkeit einer gemeinsamen Sammlung bzw. einer gemeinsamen Entsorgung des angefallenen Schleifschlamms besteht. (Sicherheitsbeauftragter) • Ein neuer Container zur Entwässerung des angefallenen Schleifschlamms ist zu bestellen. (Projektleiter) • Information der Gabelstaplerfahrer und aller betroffenen Mitarbeiter, daß neuer Container fortan ausschließlich unter Rolldach hinter der Gießerei I gelagert werden darf. (Projektkoordinator) • Eindeutige Kennzeichnung der Lagerstelle für Schleifschlamm mittels Schild. (Instandhaltung)	*Bearbeitungs- vermerke, Änderungen, Bemerkungen:*
in Verantwortlichkeit von: Projektleiter	*Problem-Nr.:* 44.3
unter Beachtung folgender Rechtsvorschriften und Gesetze:	
zur Maßnahmendurchführung notwendig sind:	*Bearbeitungszeit:* 09.03.-18.03.
erstellt durch: Arbeitskreis „Umweltmanagement"	*Datum:* 09.03.95

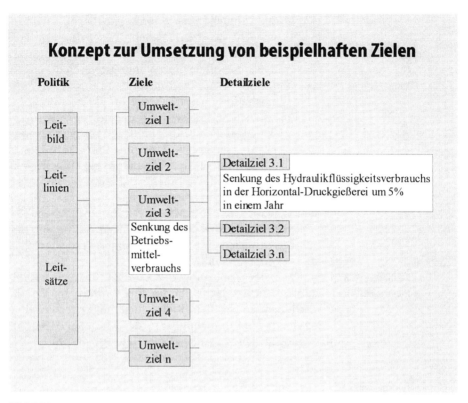

Bild 5.12

Im Zusammenhang mit der Einführung neuer oder der Änderung bestehender Produkte oder Verfahren wird das Umweltprogramm derart ergänzt, daß auch bei diesen Projekten die in Umweltpolitik und -zielen festgeschriebenen Forderungen des Umweltmanagementsystems erfüllt werden.

Den roten Faden einhalten

Vereinbarung durchzuführender Maßnahmen

Für jedes Detailziel sind konkrete Maßnahmen zu erarbeiten, die der Erreichung des Ziels dienen. Die Erarbeitung der Maßnahmen erfolgt in Arbeitsgruppen unter Einbeziehung von Mitarbeitern der verschiedenen Bereiche.

Ein Detailziel kann durch die Anwendung verschiedener alternativer Maßnahmen erreicht werden. Diese sind vor ihrer Festschreibung im Umweltprogramm gegeneinander abzuwägen. Verbesserungen im Umweltbereich sind in der Vergangenheit insbesondere

Maßnahmen zur Zielerreichung festlegen

durch Investitionen in neue, umweltschonende Technologien erreicht worden. Neben dieser aufwendigen Methode lassen sich merkliche umweltrelevante Verbesserungen vor allem durch innovative Neuerungen, z.B. den Einsatz neuer Rohstoffe und Betriebsstoffe oder die Schaffung geschlossener Stoffkreisläufe erreichen. Dies wird beispielsweise im Projekt als übergeordnetes Ziel angesehen. Die Grundlagen für geschlossene Stoffkreisläufe werden im Zusammenhang mit dem in Kapitel 5.3.11 aufgeführten Abfallkonzept beschrieben. Durch derartige Maßnahmen sind zwar keine aufsehenerregenden Innovationssprünge zu erwarten, sie dienen jedoch dem Prinzip der kontinuierlichen Verbesserung und dem japanischen Kaizen, das besagt, daß Innovation durch eine Vielzahl kleiner Verbesserungsmaßnahmen erreicht wird.

Umfassende Innovationen werden durch kleine Verbesserungen ergänzt

Nach der Festlegung der durchzuführenden Maßnahmen sind zunächst die für ihre Umsetzung Verantwortlichen zu berufen. Klare Zuständigkeiten in allen Bereichen sind unbedingt erforderlich. Jeder Mitarbeiter muß genau wissen, welcher Beitrag zur Umsetzung des betrieblichen Umweltschutzes von ihm erwartet wird.

Klare Vereinbarungen sind erforderlich

Grundsätzlich liegt die Verantwortung für die Zielerreichung und die Koordination der Maßnahmen direkt in der Entwicklung, Konstruktion und Produktion bei den Bereichs- und Abteilungsleitern. Im folgenden werden die Umsetzungsfristen, die zur Maßnahmenumsetzung erforderlichen Mittel sowie der Personaleinsatz in Aktionsscheinen oder Protokollen festgelegt.

Verantwortlichkeiten werden festgelegt

Nach Abschluß der Planung werden die Maßnahmen durch das Projektteam koordiniert, in einem Bericht zusammengefaßt und der Geschäftsführung zur Genehmigung bzw. zur weiteren Planung vorgelegt. Die für die Umsetzung der Maßnahmen eingeplanten Mittel sind im Investitionsplan zu berücksichtigen. Nach Genehmigung des Umweltprogramms durch die Geschäftsführung ist dieses für das kommende Geschäftsjahr übersichtlich, z.B. in Form von Tabellen, zusammenzufassen.

Maßnahmen im Investitionsplan berücksichtigen

Maßnahmen, die kurzfristig und ohne einen größeren Aufwand umsetzbar sind, werden sofort eingeleitet und ausgeführt. Auf diese Weise zeigt sich für die Belegschaft der Wille, die erhöhte Gewichtung des betrieblichen Umweltschutzes zum Tragen kommen zu lassen.

Außerdem wird eine unnötige Bürokratisierung des betrieblichen Umweltmanagementsystems vermieden.

Bürokratisierung vermeiden

5.3.10 Durchführung organisatorischer Maßnahmen

Die Umsetzung der organisatorischen Maßnahmen entspricht dem Aufbau des Umweltmanagementsystems, das in der Verordnung (EWG) Nr. 1836/93 definiert ist als

„der Teil des gesamten übergreifenden Managementsystems, der die Organisationsstruktur, Zuständigkeiten, Verhaltensweisen, förmlichen Verfahren, Abläufe und Mittel für die Festlegung und Durchführung der Umweltpolitik einschließt." (RAT DER EUROPÄISCHEN GEMEINSCHAFTEN, Art. 2, Abs. e)

Verbesserung der Aufbauorganisation

Im Umweltprogramm sind die in den einzelnen Bereichen umzusetzenden organisatorischen und technischen Maßnahmen festgelegt. Diese Maßnahmen unterscheiden sich je nach Unternehmensstruktur. Daher wird in den folgenden Abschnitten nur die Herangehensweise an übergeordnete organisatorische sowie technische Maßnahmen beschrieben. Im Anhang I, Teil B der Verordnung (EWG) Nr. 1836/93 (EMAS) sind sechs grundlegende Systemelemente aufgeführt, die bei der organisatorischen Verankerung des Umweltmanagementsystems zu berücksichtigen sind, Bild 5.13.

Unternehmensspezifische Ausrichtung

Die Umsetzung des Umweltmanagementsystems und die Verankerung des Umweltschutzes in den betrieblichen Abläufen erfordern die Festlegung von Verantwortlichkeiten und die Beschreibung von Befugnissen und Aufgaben. Umweltschutz wird nicht mehr wie bisher als Aufgabe einzelner Beauftragter betrachtet, sondern als Managementaufgabe. Diese Zusammenhänge sind in Bild 5.14 dargestellt.

Umweltschutz wird zur Managementaufgabe

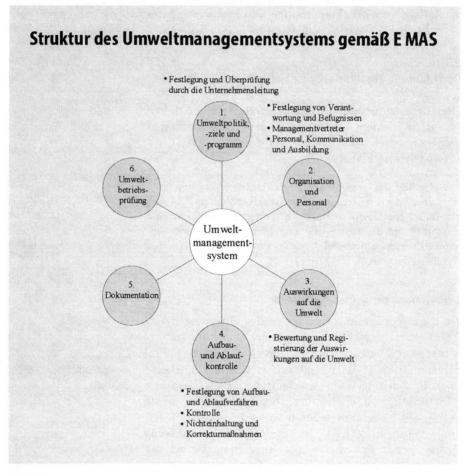

Bild 5.13

Die Verantwortung liegt bei der Leitung

Die Unternehmensleitung besitzt grundsätzlich die Gesamtverantwortung für den betrieblichen Umweltschutz. Damit insbesondere für die Einhaltung aller rechtlichen Anforderungen an die betriebliche Organisation. Entsprechend den Anforderungen der Verordnung (EWG) Nr. 1836/93 wird ein Vertreter des Managements als Verantwortlicher für die Anwendung und Aufrechterhaltung des Umweltmanagementsystems benannt. Darüber hinaus sind „*Verantwortungen, Befugnisse und Beziehungen zwischen den Beschäftigten in Schlüsselfunktionen, die die Arbeitsprozesse mit Auswirkungen auf die Umwelt leiten, durchführen und überwachen*" festzulegen (RAT DER EUROPÄISCHEN GEMEINSCHAFTEN, Anhang I, Teil B, Abs. 2).

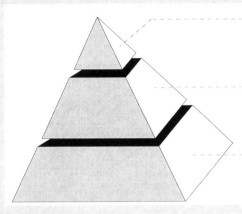

Bild 5.14

Bei der Festlegung der Aufgaben und Verantwortlichkeiten wurde systematisch vorgegangen:

- Auflistung aller umweltrelevanten Aufgaben,
- Zuordnung zu den einzelnen Stellen unter Klärung der Verantwortung für Entscheidung, Mitwirkung und Information (z.B. über eine Zuständigkeitsmatrix),
- Beschreibung der einzelnen Aufgaben über Stellenbeschreibungen.

Systematische Vorgehensweise

Es gibt vier grundlegende Varianten der organisatorischen Einbindung von Umweltschutzfunktionen in die betriebliche Organisation:

Einbindung in die Organisation

Bei der Linienorganisation besteht eine direkte Verbindung von der Unternehmensleitung bis zur operativen Ebene. Der Umweltschutzbeauftragte wird in diese Linie eingeordnet, Bild 5.15.

Nachteilig ist hierbei der relativ lange und zeitaufwendige Dienstweg. Außerdem wird die Linienorganisation dem Querschnittscharakter des Umweltschutzes nur unzureichend gerecht.

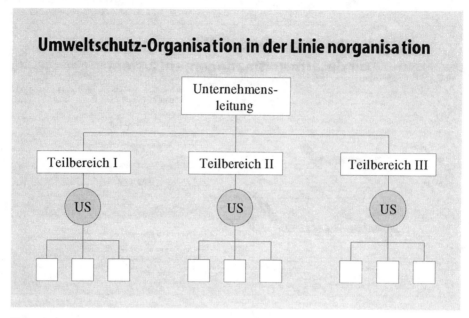

Bild 5.15

Stabsstelle Umweltschutz — Der Umweltschutz kann als Stabsfunktion direkt der Unternehmensleitung unterstellt werden, Bild 5.16. In diesem Fall steht die Stabsstelle „Umweltschutz" den Leitern der einzelnen Linien beratend zur Seite, besitzt jedoch keine Entscheidungskompetenzen.

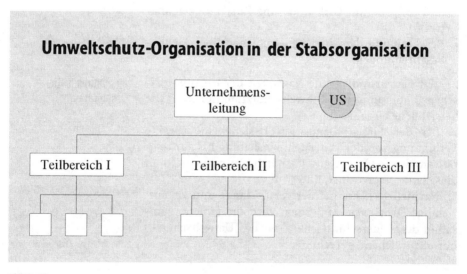

Bild 5.16

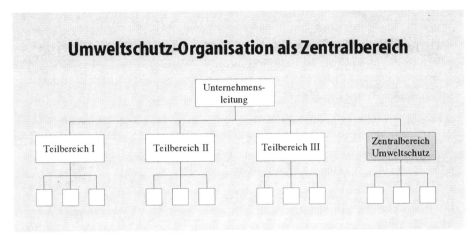

Bild 5.17

Eine weitere Variante ist die funktionale Eingliederung der Umweltschutzes in die Betriebsorganisation, Bild 5.17. Hierbei bildet der Umweltschutz einen eigenen Bereich, der den klassischen Bereichen wie Beschaffung, Entwicklung und Produktion gleichberechtigt gegenübersteht und über den Dienstweg mit ihnen verbunden ist.

Umweltschutz als Zentralbereich

Die Matrixorganisation wird dem Querschnittscharakter des Umweltschutzes am besten gerecht, Bild 5.18. Der Bereich Umweltschutz steht in direktem Kontakt mit allen anderen Unternehmensbereichen. Zwischen den herkömmlichen, auf die Erfüllung der grundlegenden Unternehmensaufgaben wie Entwicklung und Produktion ausgerichteten Linienfunktionen und der Querschnittsfunktion Umweltschutz besteht eine Kompetenzenteilung.

Umweltschutz in die Linienfunktionen integrieren

Bei der organisatorischen Einbindung der Umweltschutzfunktionen im Unternehmen hat sich allgemein bei kleineren Unternehmen und im Fallbeispiel eine Zusammenfassung der Funktion Umweltmanagement mit anderen Querschnittsfunktionen wie Qualitäts- und Arbeitssicherheitsmanagement als sinnvoll erweisen. Die Nutzung vorhandener Synergien, z.B. auf den Gebieten Personalentwicklung und Dokumentation wird auf diese Weise erheblich vereinfacht.

Qualitätsmanagement, Umweltschutz und Arbeitssicherheit zusammenführen

154 5 Konzept zur Umsetzung

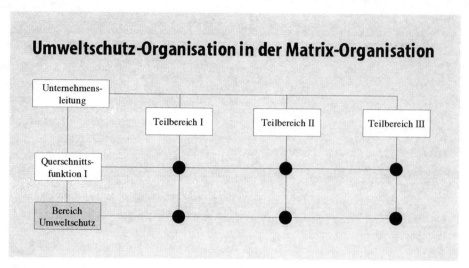

Bild 5.18

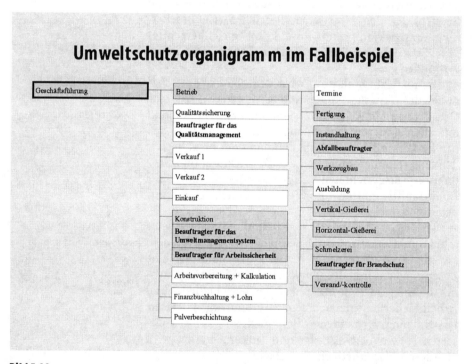

Bild 5.19

Der Umweltschutz wird von der Konstruktionsabteilung als zentraler Unternehmensbereich mit übernommen. Hier laufen die Fäden zur Organisation des Umweltschutzes und der Arbeitssicherheit zusammen. Darüber hinaus werden die traditionell gewachsenen Verbindungen zum Zentralbereich Qualitätsmanagement genutzt. Die Leiter aller Bereiche und Abteilungen sind im Arbeitskreis „Umweltmanagement" zusammengeschlossen. Fachlicher Leiter dieses Arbeitskreises ist der Umweltmanagementbeauftragte. Auf diese Weise verfügt er über die zur Umsetzung des Umweltmanagementsystems erforderlichen Weisungsbefugnisse (siehe Bild 5.19).

Wo die Fäden zusammenlaufen

Verbesserung der Ablauforganisation

Im Zusammenhang mit der Einrichtung des Umweltmanagementsystems müssen alle umweltrelevanten betrieblichen Abläufe ermittelt werden. Zu diesen Abläufen gehören unter anderem Funktionen wie die Produkt- und Produktionsplanung sowie die Beschaffung, die einzelnen Fertigungsverfahren und weitere betriebliche Aufgaben. Diese Abläufe sind umweltgerecht auszulegen. In der Verordnung sind hierzu folgende Forderungen aufgestellt:

- die Erstellung und Dokumentation von Verfahrens-, Arbeits- und Betriebsanweisungen für alle umweltrelevanten Abläufe,
- die Einführung von festgelegten Beschaffungsverfahren,
- die Überwachung und Kontrolle aller umweltrelevanten Verfahren,
- die Berücksichtigung von Umweltaspekten bei der Planung neuer Verfahren und Ausrüstungen,
- die Festlegung bindender Kriterien für umweltrelevante Abläufe (z.B. Festlegung von Kennzahlen zum Energieverbrauch).

Checkliste zu umweltrelevanten Abläufen

Außerdem sind Verfahren festzulegen, die die Kontrolle umweltrelevanter Tätigkeiten und die Ergreifung von Korrekturmaßnahmen im Falle der Nichteinhaltung gesetzlicher, normativer oder selbstgesetzter Ziele beschreiben.

Eingriffsmöglichkeit bei Nichteinhaltung vorsehen

Alle Verfahrensanweisungen und sonstigen Regelungen sind zu dokumentieren und so abzulegen bzw.

zu verteilen, daß die betroffenen Mitarbeiter stets Zugriff darauf haben, vgl. Kapitel 5.3.12 'Dokumentation'.

Ein geeignetes Instrumentarium für die Einbindung ökologischer Aspekte in alle Unternehmensbereiche und damit für die Nutzung der Erfolgspotentiale eines strategisch orientierten Umweltmanagementsystems ist das betriebliche Umweltcontrolling. Im Rahmen des Umweltmanagements dient es als Informations-, Analyse-, Planungs-, Steuerungs-, Kontroll- und Kommunikationsinstrument.

Management-Regelkreise einrichten

Die Leitidee des Umweltcontrolling besteht in der Einrichtung von Regelkreisen mit dem Ziel der Früherkennung von Entwicklungen sowie der Vorwärtssteuerung und Selbstregelung umweltrelevanter Abläufe. Während das traditionelle Controlling Linienfunktionen (z.B. Entwicklung, Produktion, Marketing) und Querschnittsfunktionen (z.B. Personalwesen, Qualitätsmanagement, Finanzwesen) in finanzieller, ganzheitlicher Sichtweise koordiniert, bezieht sich das Umweltcontrolling auf die darin enthaltenen umweltbezogenen Aspekte (vgl. KAMISKE ET AL., S.20). Der Ablauf des Umweltcontrolling erfolgt in einem Kreislauf auf der Grundlage des Kaizen-Ansatzes (siehe Bild 5.20).

Verbesserungsprozeß einleiten

Um diesen Verbesserungsprozeß sicherzustellen, werden regelmäßige Schwachstellenanalysen aller Anlagen und Prozesse durchgeführt. Parallel hierzu finden vierteljährliche Überprüfungen des Umsetzungszustands des Umweltprogramms statt. Die Umweltziele und das Umweltprogramm werden kontinuierlich auf ihre Aktualität und Wirksamkeit hin überprüft und gegebenenfalls angepaßt.

Informationen sind das A und O des Managements

Ein grundlegender Erfolgsfaktor für ein erfolgreiches betriebliches Umweltmanagement ist die Kommunikation, die Entscheidungsträger und Ausführende mit den für ihre Tätigkeit notwendigen Informationen, Daten und Fakten versorgt. Hierzu liefern Umweltinformationssysteme die notwendigen Daten und Informationen über unternehmensinterne und -externe umweltrelevante Vorgänge und Sachverhalte (vgl. STREBEL (1992), S.9).

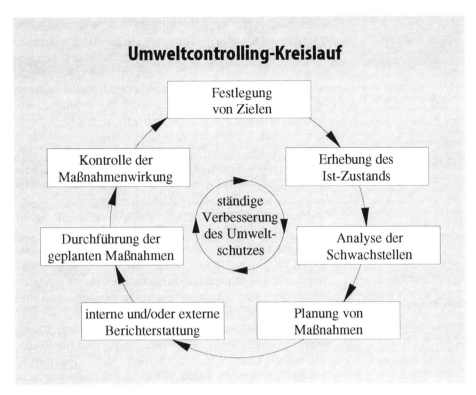

Bild 5.20

Personalentwicklung

Die Umsetzung von Umweltpolitik und -zielen gelingt nur, wenn alle Mitarbeiter die Möglichkeit haben, sich aktiv daran zu beteiligen, mitzudenken und mitzuhandeln. Eine umweltorientierte Bewußtseinsbildung und Sensibilisierung sowie die Entfaltung einer Kultur des umweltorientierten Handelns ist erforderlich. Die Herausbildung der notwendigen Motivation ist jedoch ein längerer Prozeß, der gezielt gefördert werden muß.

Umweltorientierte Bewußtseinsbildung

Der erste bedeutende Schritt in diese Richtung ist eine ständige offene Information der Mitarbeiter über umweltrelevante Belange des Unternehmens und insbesondere ihres direkten Arbeitsumfeldes.

Mitarbeiter systematisch informieren und einbinden

Neben dieser Information, die z.B. mit Hilfe einer Mitarbeiterinformation oder im Rahmen von Mitarbeitergesprächen erfolgt, ist es wichtig, in umgekehrter Richtung Informationen von den Mitarbeitern abzufordern, z.B. über Vorschläge für Verbesserungen. Den Mitarbeitern muß bewußt gemacht werden, daß Um-

Verdeutlichen, daß Umweltschutz jeden Mitarbeiter betrifft

weltschutz nicht nur die Aufgabe von Betriebsbeauftragten oder einer kleinen „Umweltmanagement-Gruppe" ist, sondern daß jeder einzelne von ihnen gefordert ist, sich aktiv daran zu beteiligen. *„Umweltbewußtsein erfordert Aus- und Weiterbildung, Verständnis, Wissen um Mittel und Wege, Motivation, Anreize, Belohnungen und Bestrafungen"* (GOLDBERG, S.27).

Die interne umweltbezogene Kommunikation erfolgt auf verschiedenen Ebenen. Hierzu finden regelmäßige und im Bedarfsfall auch außerplanmäßige Sitzungen des Arbeitskreises „Umweltmanagement" sowie Besprechungen des Umweltmanagementbeauftragten mit der Geschäftsführung statt. Die Information der Mitarbeiter über umweltrelevante Aspekte der betrieblichen Tätigkeiten erfolgt im Rahmen von Schulungen und Unterweisungen. Die Struktur des intern entwickelten und angewendeten Kommunikations- und Informationssystems sind in Bild 5.21 dargestellt.

<small>Kommunikationssystem umsetzen</small>

Einen wichtigen Beitrag bei der Bewußtseinsbildung spielt die Einbindung des Themas Umweltschutz in das Schulungskonzept. Hierzu fordert die Verordnung (EWG) Nr. 1836/93 ausdrücklich die Ermittlung des umweltbezogenen Ausbildungsbedarfs der Mitarbeiter und die Durchführung entsprechender Ausbildungsmaßnahmen (vgl. RAT DER EUROPÄISCHEN GEMEINSCHAFTEN, Anhang I, Teil B, Abs. 2).

<small>Qualifizierung steht im Mittelpunkt</small>

Die Ermittlung des Schulungsbedarfs der Mitarbeiter obliegt im wesentlichen den jeweiligen Abteilungsleitern. Auf der Grundlage des festgestellten Schulungsbedarfs werden entsprechende unternehmensinterne oder -externe Schulungs- und Fortbildungsmaßnahmen sowie Unterweisungen durchgeführt. In einer Mitarbeiter-Qualifikationsmatrix werden für jeden Mitarbeiter die durchgeführten Qualifikationsmaßnahmen registriert. Somit verfügen die Abteilungsleiter ständig über eine aktuelle Übersicht über den Qualifikationsstand jedes einzelnen Mitarbeiters.

Die interne umweltschutzrelevante Schulung wird auf der Grundlage folgender Unterlagen durchgeführt:

<small>Checkliste für Schulungsunterlagen</small>

- Umweltmanagementhandbuch,
- Verfahrensanweisungen,
- Betriebsanweisungen,

- Unterweisungsmappen mit anlagen- und arbeitsplatzspezifischen Unterlagen, z.B. für Staplerfahrer,
- Unfallverhütungsvorschriften,
- Mitarbeiterinformationen,
- Umweltinformationstafeln.

Kommunikations- und Informationssystem im Fallbeispiel

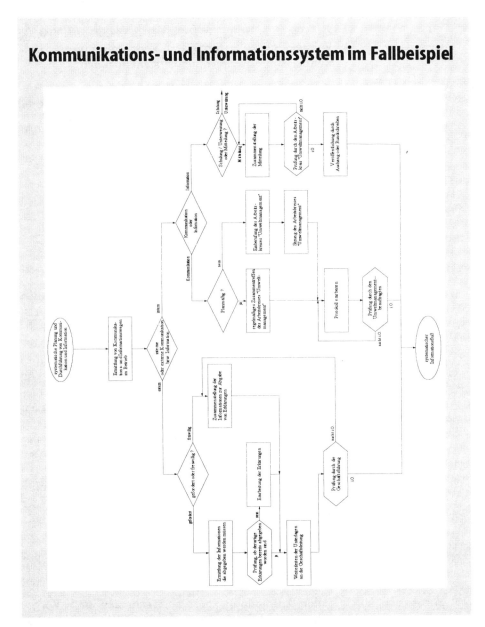

Bild 5.21

Die aufgeführten Unterlagen und Dokumente wurden im Verlauf des Praxisprojekts in enger Zusammenarbeit mit dem AKUM erarbeitet.

5.3.11
Durchführung technischer Maßnahmen

Ziel der Umsetzung der technischen Maßnahmen ist die Vermeidung oder zumindest Verminderung von Umweltbelastungen. Hierunter versteht man den

Was die Norm fordert

„Einsatz von Prozessen, Methoden, Materialien oder Produkten zur Vermeidung, Reduzierung oder Steuerung der Umweltbelastungen, der Recycling, Behandlung, Prozeßänderungen, Steuerungsmechanismen, effiziente Nutzung von Ressourcen und Materialsubstitution einschließen kann." (DEUTSCHES INSTITUT FÜR NORMUNG (1996), Abschnitt 3.13)

Konzeption von Lösungsvarianten

Technische Lösungen erarbeiten

Auf Grundlage des im Verlauf der Analyse festgestellten Handlungsbedarfs und der im Umweltprogramm festgelegten Aktivitäten werden durch die Abteilungsleiter unter Einbeziehung der betroffenen Mitarbeiter Lösungsvarianten erarbeitet. Die technischen Maßnahmen beziehen sich auf die Produkte, den Produktionsprozeß sowie andere umweltrelevante Abläufe im Unternehmen, z.B. den Bereich Abfallentsorgung. Ziel ist es, die Umweltbelastung in allen Bereichen so weit wie möglich zu verringern. Insbesondere bei der Gestaltung neuer, aber auch bei der Anpassung bereits bestehender Produkte und Abläufe sollen die Umweltauswirkungen in einem solchem Umfang verringert werden, *„wie es sich mit der wirtschaftlich vertretbaren Anwendung der besten verfügbaren Technik erreichen läßt"* (RAT DER EUROPÄISCHEN GEMEINSCHAFTEN, Art. 3, Abs. a).

Methoden gezielt einsetzen

Geeignete Methoden, um Umweltgesichtspunkte insbesondere bei der Planung und Gestaltung neuer Produkte und Prozesse gezielt zu berücksichtigen, sind

- Umweltmanagementtechniken,
- an Umweltgesichtspunkte angepaßte Qualitätsmanagementtechniken,
- Berücksichtigung von Umweltgesichtspunkten bei der Anwendung sonstiger Techniken und Vorgehensweisen im Rahmen der Produkt- und Prozeßplanung.

Bewertung und Auswahl der Lösungsvarianten

Liegen die Konzepte verschiedener Lösungsvarianten für die Gestaltung eines Produkts oder Prozesses vor, wird eine Entscheidung mit Hilfe der ABC-Analyse vorbereitet. Hierbei ist eine gemeinsame Betrachtung von technischen, wirtschaftlichen, Qualitäts- und Umweltgesichtspunkten wichtig, da sich diese stets gegenseitig beeinflussen.

Einige zu berücksichtigende Aspekte sind:

- Energieverbrauch und verwendete Energiearten,
- Wasserverbrauch,
- Art und Menge der benötigten Roh-, Hilfs- und Betriebsstoffe,
- Abwasserbelastung und -menge,
- Art und Menge der Abfälle (Wert- und Reststoffe),
- Art und Menge der Emissionen (Gase, Stäube, Strahlung, Lärm, Wärme),
- mögliche Weiter- und Wiedernutzung von Abfällen und Emissionen,
- Recyclingfähigkeit,
- Entsorgung,
- Transporte.

Checkliste umweltrelevanter Kriterien

Auf Basis der Ergebnisse der Umweltprüfung wurden verschiedene bedeutende technische Maßnahmen durchgeführt.

Erstellung und Umsetzung eines Verwertungs- und Entsorgungskonzepts:

Dieses Konzept beinhaltet Maßnahmen für eine umweltverträglichere Verwertung und Entsorgung von Abfällen, Rest- und Wertstoffen. Dabei besitzt die Abfallvermeidung oberste Priorität vor der Verminderung, Verwertung und Entsorgung der Abfälle. Langfristiges Ziel ist die Organisation von sowohl betriebsinternen als auch externen Stoffkreisläufen (siehe Bild 5.22).

Verwertungs- und Entsorgungskonzept

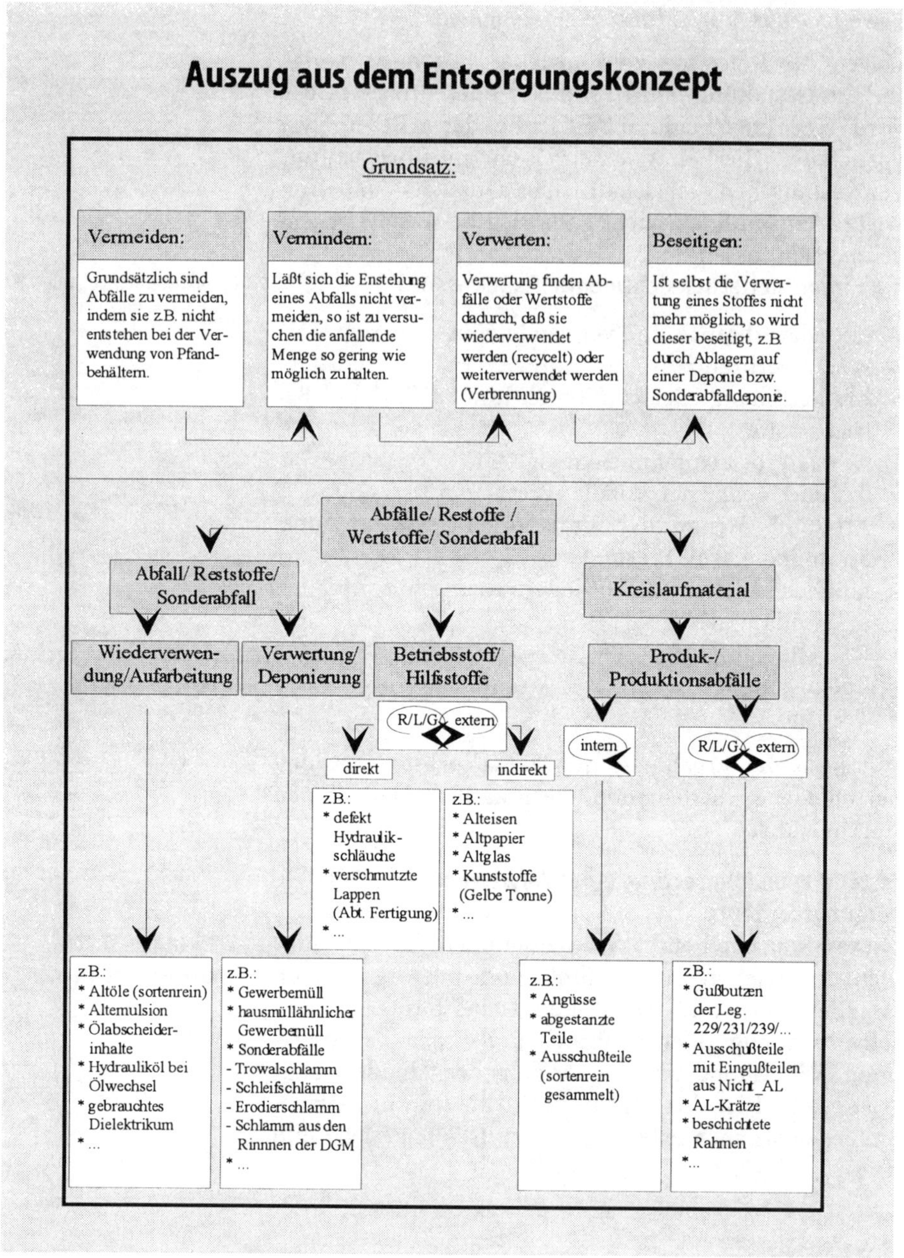

Auszug aus dem Entsorgungskonzept

Grundsatz:

Vermeiden:
Grundsätzlich sind Abfälle zu vermeiden, indem sie z.B. nicht entstehen bei der Verwendung von Pfandbehältern.

Vermindern:
Läßt sich die Enstehung eines Abfalls nicht vermeiden, so ist zu versuchen die anfallende Menge so gering wie möglich zu halten.

Verwerten:
Verwertung finden Abfälle oder Wertstoffe dadurch, daß sie wiederverwendet werden (recycelt) oder weiterverwendet werden (Verbrennung)

Beseitigen:
Ist selbst die Verwertung eines Stoffes nicht mehr möglich, so wird dieser beseitigt, z.B. durch Ablagern auf einer Deponie bzw. Sonderabfalldeponie.

Abfälle/ Reststoffe / Wertstoffe/ Sonderabfall

- **Abfall/ Reststoffe/ Sonderabfall**
  - Wiederverwendung/Aufarbeitung
  - Verwertung/ Deponierung
- **Betriebsstoff/ Hilfsstoffe** (R/L/G extern)
  - direkt
  - indirekt
- **Kreislaufmaterial**
  - **Produk-/ Produktionsabfälle**
    - intern
    - R/L/G extern

direkt — z.B.:
* defekt Hydraulikschläuche
* verschmutzte Lappen (Abt. Fertigung)
* ...

indirekt — z.B.:
* Alteisen
* Altpapier
* Altglas
* Kunststoffe (Gelbe Tonne)
* ...

Wiederverwendung/Aufarbeitung — z.B.:
* Altöle (sortenrein)
* Altemulsion
* Ölabscheiderinhalte
* Hydrauliköl bei Ölwechsel
* gebrauchtes Dielektrikum
* ...

Verwertung/Deponierung — z.B.:
* Gewerbemüll
* hausmüllähnlicher Gewerbemüll
* Sonderabfälle
  - Trowalschlamm
  - Schleifschlämme
  - Erodierschlamm
  - Schlamm aus den Rinnen der DGM
* ...

intern — z.B.:
* Angüsse
* abgestanzte Teile
* Ausschußteile (sortenrein gesammelt)

extern — z.B.:
* Gußbutzen der Leg. 229/231/239/...
* Ausschußteile mit Eingußteilen aus Nicht_AL
* AL-Krätze
* beschichtete Rahmen
* ...

Bild 5.22

Planung eines neuen Öllagers:

Unter Berücksichtigung gesetzlicher Forderungen und behördlicher Auflagen wird ein neues Öllager konzipiert und verwirklicht. Gleichzeitig wird nach Möglichkeiten gesucht, die benötigten Betriebs- und Hilfsstoffmengen zu reduzieren. Zur Überprüfung der Machbarkeit wurden Simulationsversuche durchgeführt.

Planung und Umsetzung eines neuen Öllagers

Generell stellen Simulationen, auch in Form von Modell-Simulationen, ein wichtiges Hilfsmittel zur Entscheidungsfindung dar. Die Gefahr von Fehlentscheidungen und -investitionen läßt sich durch die Anwendung dieses Verfahrens verringern. Parallel zur Öllagerplanung wurde neue Verfahrens- und Betriebsanweisungen zum Umgang mit wassergefährdenden Stoffen erstellt.

Simulationsergebnisse als Planungsgrundlage

Erstellung eines Anlagenkatasters:

Für alle Anlagen und Produktionseinrichtungen im gesamten Unternehmen wurde ein einheitliches Kennzeichnungssystem auf der Grundlage der DIN 8580 erstellt (vgl. DEUTSCHES INSTITUT FÜR NORMUNG (1978)). Im Anlagenkataster wurden über die gesetzlichen Bestimmungen (z.B. VAwS) hinausgehend sämtliche Anlagen in allen Abteilungen per EDV erfaßt. Hierzu gehört die Aufnahme technischer sowie umwelt- und arbeitsschutzbezogener Angaben, siehe Bild 5.23.

Datenbasis für ein Anlagenkataster

Auf der Grundlage der Verordnung für Anlagen zum Umgang mit wassergefährdenden Stoffen (VAwS) sind Unternehmen dazu verpflichtet, geeignete Voraussetzungen zum sicheren Umgang mit diesen Stoffen zu schaffen. Die VAwS beruht auf dem Wasserhaushaltsgesetz (siehe Abschn. 2.4.2) und regelt speziell die oben aufgeführten Anforderungen. Zur Erreichung des beispielhaft ausgewählten Detailziels 3.1 zur Senkung des Verbrauchs von Hydraulikflüssigkeit in der Horizontalgießerei wurde im Arbeitskreis Umweltmanagement beschlossen, sämtliche Hydraulikverbindungen auf den neuesten Stand der Technik zu bringen und durch regel- und planmäßige Wartung Leckagen zu verringern und letztlich ganz zu vermeiden.

Betrieblichen Umweltschutz und Instandhaltung zusammenbringen

Auszug aus dem entwickelten Anlagenkataster

HGU G	0 Allgemein Transport	1 Urformen	2 Umformen	3 Trennen	4 Fügen	5 Beschichten	6 SE ändern	7 Spanen (geo. best.)	8 Spanen (geo unbe.)	9 Stanzen
0										
1	01 Stapler (elektrisch)	11 Druckguß (Horizontal)	21 Eindrücken	31 (HG 9) Zerteilen	41 Schweißen	51 Pulverbeschichten	61 Härten von Teilen	71 Fräsen	81 Schleifen am Band	91 Exzenterpressen
2	02 Stapler (Diesel und Hand)	12 Druckguß (vertikal)	22 Durchdrücken	32 (HG 7) Spanen mit geo. bestimmter Schneide	42 Löten	52 Vorbehandlung Beschichten		72 Drehen	82 Schleifen	92 Mech. Pressen Spindelpressen
3	03 Messen/ Prüfen 0360 Kontrolle	13 Schmelzöfen Striko Morgan	23 Verdrehen	33 (HG 8) Spanen mit geo. unbestimmter Schneide	43 Kleben	53 Formbeschichtung		73 Bohren 00-29 Ständer 30-79 Mehrspindel 80-99 Reihen	83 Schleifen mit flexibler Scheibe	93 Pneumatische Pressen
4	04 Lager für Betriebsmittel (fest)	14 Schmelzöfen Fulmina		34 Abtragen (z.B.: Erodieren)	44 Nieten		64 Härten von Werkzeugen	74 Gewindeschneiden	84 Schleifen Sondermaschine	94 Hydraulische Pressen 40 t
5	05 Lager für Betriebsmittel (flüssig)	15 Wannenöfen Westomat		35 Abbrechen				75 Bearbeitungszentren	85 Schleifen (Flach, Profil, Rund, Hand)	95 Hydraulische Pressen 25 t
6	06 Lager für Betriebsmittel (gasf.)	16 Heiz- und Kühlgeräte		36 Reinigen	46 Schrauben			76 Sondermaschinen	86 Bürsten/ Polieren	96 Hydraulische Pressen beliebig
7				37 Evakuieren	47 Pressen/ Montage		67 Betriebsmittelbereitungsanlagen	77 Sägen	87 Trowalisieren	
8	08 Förderanlagen			38 Entgraten von Hand (reserviert AV)				78 Sondereinrichtungen	88 Rollieren	
9	09 Allgemeine Betriebsmittel z.B. Verdichter								89 Strahlen	

Bild 5.23

Umsetzung der gewählten Lösungen

Bei der Umsetzung der ausgewählten Lösungsvariante(n) ist auf die aktuellen Erkenntnisse des Ist-Zustandes zu achten. Bisher verborgene Mängel dürfen nicht verschwiegen werden. Es ist darauf zu achten, daß diese unmittelbar den Mitgliedern des Arbeitskreises Umweltmanagement mitgeteilt werden.

5.3.12 Dokumentation

Die Einrichtung eines Umweltmanagementsystems erfordert die „Erstellung einer Dokumentation mit Blick auf

a) eine umfassende Darstellung von Umweltpolitik, -zielen und -programmen;
b) die Beschreibung von Schlüsselfunktionen und -verantwortlichkeiten;
c) die Beschreibung der Wechselwirkungen zwischen den Systemelementen."

Was zu dokumentieren ist

Dies beinhaltet auch die „*Erstellung von Aufzeichnungen, um die Einhaltung der Anforderungen des Umweltmanagementsystems zu belegen und zu dokumentieren, inwieweit Umweltziele erreicht wurden*". (RAT DER EUROPÄISCHEN GEMEINSCHAFTEN, Anhang I, Teil B, Abs.5)

Konzeption eines Dokumentationssystems

Die Entwicklung eines Dokumentationssystems umfaßt die gesetzlich geforderten Unterlagen und die für das Umweltmanagementsystem notwendigen Dokumente. Das zentrale Element dieser Dokumentation ist das Umweltmanagementhandbuch. Dazu kommen mitarbeiter-, stoff-, anlagen- und arbeitsplatzbezogene Unterlagen, wie systematisch in Bild 5.24 dargestellt.

Konzept für die Dokumentation

Durch die Einrichtung eines unternehmens- bzw. standortweiten, umfassenden systematischen Dokumentationssystems soll sichergestellt werden, daß die Vielzahl unterschiedlicher Daten, Informationen und Dokumente so organisiert wird, daß sie ständig verfügbar sind. Es wird angestrebt, daß an jedem Arbeitsplatz bzw. in jedem Bereich die aktuellen Versionen aller dort benötigten Unterlagen vorhanden sind. Der Zugriff auf

Das Dokumentationssystem soll umfassend sein

andere Dokumente wird durch ein entsprechendes Verteilungssystem gewährleistet.

Wesentliche Elemente des Dokumentationssystems sind:

Das Dokumentationssystem abchecken

- die Anpassung der Dokumente an sich verändernde Rahmenbedingungen,
- die Gewährleistung der Bezugnahme auf die jeweils betreffende Abteilung, Funktion oder Tätigkeit,
- die regelmäßige Überprüfung, Revision und Freigabe der Dokumente,
- die Verteilung der Dokumente an die relevanten Stellen bzw. Bereiche,
- der Ersatz sowie die Entfernung und Vernichtung bzw. Verwahrung überholter Dokumente.

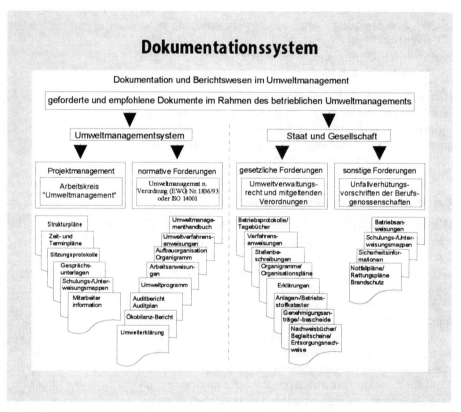

Bild 5.24

Eine wesentliche Aufgabe des Dokumentationssystems besteht darin, den Ablauf aller umweltrelevanten Tätigkeiten im Unternehmen nachvollziehbar zu gestalten. Damit unterstützt es die Ermittlung der Ursachen von Störungen und die zukünftige Vermeidung von Fehlern im Sinne der kontinuierlichen Verbesserung. Beim Aufbau und der Gestaltung des Dokumentationssystems ist eine mögliche Verknüpfung der umweltrelevanten Dokumentation mit anderen dokumentarischen Pflichten, z.B. im Qualitätsmanagement sowie den Bereichen Arbeitsschutz und Gesundheitsfürsorge zu prüfen.

Abläufe nachvollziehbar darstellen

Wegen der großen Bedeutung der Dokumentation für das gesamte Umweltmanagementsystem sind daran hohe Anforderungen gestellt. Somit ist es sinnvoll, die Dokumentation an den in der Qualitätsmanagementnorm DIN EN ISO 9001 vorgegebenen Maßstäben zur Erstellung, Änderung, Verteilung, Verwahrung, Einziehung und Kontrolle der Dokumente auszurichten. Darüber hinaus wird die DIN ISO 10013 als Leitfaden für die Strukturierung des Umweltmanagementhandbuchs verwendet (vgl. DEUTSCHES INSTITUT FÜR NORMUNG (1993)).

Verbindung zu Qualitätsaufzeichnungen

Erarbeitung erforderlicher Unterlagen

Alle umweltrelevanten Dokumente und Aufzeichnungen sollen einen einheitlichen Aufbau sowie ein gleichartiges Aussehen besitzen. Dies erleichtert den Benutzern der Unterlagen die Orientierung, insbesondere wenn sie sich erstmalig mit einem bestimmten Dokument auseinandersetzen müssen. Die Dokumentationsstruktur ist am Beispiel von Verfahrens- und Arbeitsanweisungen in Tabelle 5.6 dargestellt.

Aussehen der Aufzeichnungen vereinheitlichen

Die Unterlagen sind so übersichtlich, verständlich und aussagekräftig wie möglich zu gestalten. Es ist sinnvoll, zusätzliche Grafiken, Ablaufpläne, Struktogramme, Organigramme und Tabellen anzufertigen und den Dokumenten beizuordnen. Die inhaltliche Gestaltung und die Formulierung der einzelnen Dokumente erfolgt zweckmäßigerweise durch die Leiter der betreffenden Abteilungen und Bereiche oder deren Stellvertreter. Bei der Dokumenterstellung werden die Ideen und Vorschläge der betroffenen Mitarbeiter einbezogen.

Struktur der Dokumente

Mit Grafiken und Tabellen arbeiten

Tabelle 5.6. Musterinhalte der Handbuchstruktur auf der Grundlage der DIN ISO 10013

1	Zweck und Anwendungsbereich
	Beschreibung der Thematik und Formulierung der themenbezogenen Zielsetzung
2	Begriffe und Abkürzungen
3	Zuständigkeiten
	Festlegung der Zuständigkeiten und Verantwortlichkeiten für die Durchführung der einzelnen Umweltschutzaufgaben
4	Beschreibung
	Detaillierte Beschreibung der einzelnen Umweltschutzaufgaben
5	Dokumentation
	Festlegung aller bei der Durchführung der Tätigkeiten zu führenden Dokumentationen, z.B. Meßprotokolle, Umweltberichte, Ergebnisberichte u.a.m.
6	Mitgeltende Unterlagen
	Auflistung der zur Umsetzung der Tätigkeiten notwendigen, zusätzlich geltenden Unterlagen, z.B. Gesetze, Sicherheitsdatenblätter, Stellenbeschreibungen, Arbeitsanweisungen, Betriebsanweisungen u.a.m.
7	Änderungsdienst und Verteiler

Erstellung des Umweltmanagementhandbuchs

Bedeutung des Handbuchs

Das Kernelement des umweltbezogenen Dokumentationssystems ist das Umweltmanagementhandbuch. Es dokumentiert die Organisation und Einbindung des Umweltschutzes im Unternehmen. Das Umweltmanagementhandbuch belegt, wie das Unternehmen im Normal- wie auch im Störfall seinen umweltrelevanten Verpflichtungen nachkommt. Die Meßlatte hierfür bilden neben den gesetzlichen Vorgaben vor allem die unternehmensspezifische Umweltpolitik und Umweltziele.

Die Inhalte der Dokumente im Team abstimmen

Umfang und Inhalt des Handbuchs sind zwischen dem Projektteam, den für den betrieblichen Umweltschutz Verantwortlichen und der Geschäftsführung abzustimmen. Auf umweltrelevante Dokumente und Informationen, die nicht im Handbuch enthalten sind, z.B. Anlagenpläne, Bedienungsanleitungen, Sicherheitsdatenblätter, wird verwiesen.

Die Ausgabe des Umweltmanagementhandbuchs erfolgt durch die Geschäftsführung in Zusammenarbeit mit dem Managementbeauftragten für Umweltschutz. Die jeweils aktuelle Ausgabe des Umweltmanagementhandbuchs muß allen Unternehmensangehörigen zur

Verfügung stehen. Zusätzlich sind die Mitarbeiter über die sie direkt betreffenden Kapitel zu unterrichten.

Aufbau und Gliederung des Handbuchs wurden an der Struktur der DIN EN ISO 14001 ausgerichtet. Dabei wurde das vom Autor in Abstimmung mit dem Geschäftsführer und dem Projektteam entwickelte summarische Modell mit der 2. Variante ausgewählt.

Weitere Anhaltspunkte zur Handbucherstellung bietet die DIN ISO 10013 „Leitfaden für die Erstellung von Qualitätsmanagement-Handbüchern" (DEUTSCHES INSTITUT FÜR NORMUNG (1993)). Die Anlehnung an die modifizierte Qualitätsmanagementnorm ist insbesondere dann empfehlenswert, wenn die Einrichtung eines gemeinsamen Managementsystems für Qualitäts- und Umweltaspekte oder ein kombiniertes Qualitäts- und Umweltmanagementhandbuch geplant sind.

Qualitätsmanagement-Dokumentation nutzen

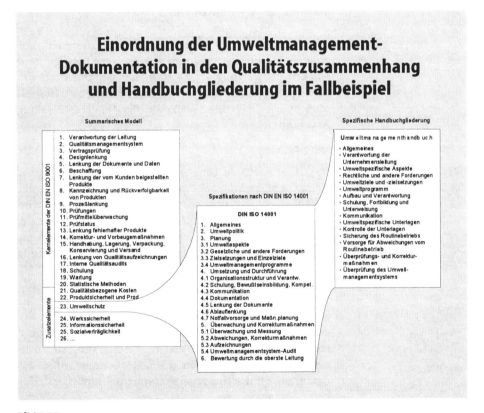

Bild 5.25

Die einzelnen Kapitel des Handbuchs sind nach einem festen Schema in Anlehnung an die DIN ISO 10013 aufgebaut:

Gliederung nach Normenschema

- Ziel und Zweck,
- Geltungsbereich,
- Beschreibung des jeweils zu regelnden Bereichs,
- Verantwortungen und Befugnisse,
- Mitgeltende Unterlagen.

Einheitlichkeit erhöht die Übersicht

Die Untergliederung des Handbuchs in voneinander unabhängige Kapitel und deren formal einheitliche Gestaltung erhöht die Übersichtlichkeit und erleichtert den Umgang. Somit wird die Aktualisierung des Umweltmanagementhandbuchs bzw. einzelner Handbuchkapitel vereinfacht.

5.3.13
Durchführung des Umweltaudits

Das Umweltaudit ist „*ein Managementinstrument, das eine systematische, dokumentierte, regelmäßige und objektive Bewertung der Leistung der Organisation, des Managements und der Abläufe zum Schutz der Umwelt umfaßt ...*" (RAT DER EUROPÄISCHEN GEMEINSCHAFTEN, Art. 2, Abs. f).

Audit-Planung

Mit Audits die erbrachten Leistungen bewerten

Das Hauptziel von Umweltaudits ist die objektive, systematische und dokumentierte Überprüfung der Wirksamkeit des Umweltmanagementsystems. Sie sind das wichtigste Instrument zur Bewertung der umweltbezogenen Leistungen eines Unternehmens. Umweltaudits oder Umweltmanagement-Systemaudits werden in der Nomenklatur der Verordnung (EWG) Nr. 1836/93 als Umweltbetriebsprüfungen bezeichnet. Die Verordnung enthält eine Reihe detaillierter Forderungen an Inhalt und Ablauf der Betriebsprüfungen.

Zunächst werden die Ziele des Audits bestimmt. Diese müssen eine Erfassung und Bewertung der umweltrelevanten Leistungen des Unternehmens und des gesamten Umweltmanagementsystems umfassen. Das beinhaltet u.a.:

- eine Bewertung des bestehenden Umweltmanagementsystems, *Audit-Ziele*
- Feststellungen bezüglich der Eignung des Systems, die betriebliche Umweltpolitik zuverlässig umzusetzen,
- die Feststellung, inwieweit das Unternehmen seine formulierten Umweltziele erfüllt,
- die Prüfung der Erfüllung der einschlägigen Umweltvorschriften,
- die Überprüfung des Einsatzes der in einem ökonomisch vertretbaren Rahmen besten verfügbaren Technik zur Umsetzung der Umweltpolitik.

Der Umfang des Umweltaudits ist eindeutig festzulegen. Dabei sind insbesondere die im Anhang I, Teil C der Verordnung (EWG) Nr. 1836/93 aufgeführten Gesichtspunkte zu behandeln. Für jeden Prüfungsabschnitt sind folgende Komponenten zu bestimmen:

- die erfaßten Bereiche, *Vor dem Audit*
- die zu prüfenden Tätigkeiten,
- die zu berücksichtigenden Umweltstandards und -zielsetzungen,
- der mit dem Audit zu erfassende Zeitraum.

Das Audit kann sowohl von unternehmensinternen wie auch von externen Prüfern durchgeführt werden. Voraussetzung ist, daß die an der Prüfung beteiligten Personen von den zu kontrollierenden Bereichen ausreichend unabhängig sind und daß sie über ausreichende Kenntnisse und Erfahrungen bezüglich technischer, organisatorischer und rechtlicher Fragestellungen verfügen. Bevorzugt sollten Mitarbeiter ausgewählt werden, die bereits an der Durchführung der ersten Umweltprüfung beteiligt waren, vgl. Kapitel 5.3.4 'Durchführung der Input/Output-Analyse'. Alle beteiligten Personen werden durch Schulungsmaßnahmen oder Unterweisungen auf ihre Aufgaben im Rahmen des Umweltaudits vorbereitet. *Unabhängigkeit des Auditors gewährleisten*

Zur Vorbereitung der Datenerhebung erstellt das Auditteam Fragebögen und Checklisten. Diese können sich an den Unterlagen der ersten Umweltprüfung orientieren. Um eine systematische Datenerfassung zu gewährleisten und um die Auswertung des Audits zu vereinfachen, sollte sich der Ablauf der Datenerhebung bereits in einer bestimmten Reihenfolge vollziehen. Als *Was noch zum Audit gehört*

Anhaltspunkt dienen der Kontenrahmen der Input/Output-Bilanz, die Gliederung des Umweltmanagementhandbuchs oder auch der Anhang I, Teil C der Verordnung (EWG) Nr. 1836/93.

Audit-Durchführung

Das Umweltaudit beginnt mit einer gemeinsamen Eröffnungssitzung des Arbeitskreises „Umweltmanagement", des Auditteams und der Geschäftsleitung. Diese Sitzung dient hauptsächlich der Abstimmung von Prüfungsumfang und -ablauf. Auf der Basis der vorbereiteten Checklisten erfolgt anschließend die Zusammenstellung aller Informationen, Nachweise und Dokumente, die zur Bewertung des Umweltmanagementsystems benötigt werden. Hierbei wurden verschiedene Vorgehensweisen angewendet:

So läuft das Audit ab
- Interviews mit den Betriebsbeauftragten für Umweltschutz und Arbeitssicherheit, den Managementbeauftragten und den Abteilungsleitern,
- Betriebsrundgang des Auditteams,
- Beobachtungen umweltrelevanter Abläufe,
- Untersuchung der Betriebs- und Ausrüstungsbedingungen,
- Mitarbeiterbefragungen,
- Durchsicht und Überprüfung relevanter Unterlagen.

Die Informationen und Daten wurden auf Vollständigkeit und Relevanz überprüft. Als Maßstab hierfür dienen

Bewertungsmaßstab
- die betriebliche Umweltpolitik sowie die Umweltziele,
- gesetzliche Umweltvorschriften,
- die Handlungsgrundsätze der Verordnung (EWG) Nr. 1836/93, insbesondere die im Anhang I, Teil D beschriebenen „guten Managementpraktiken".

Stärken/Schwächen-Profil aufstellen
Bei der Bewertung wurden die umweltrelevanten Stärken und die erkannten Schwachstellen organisatorischer und technischer Art herausgestellt. Die Problemschwerpunkte wurden gesammelt und bewertet. Die im Verlauf des Audits gesammelten Informationen und Daten und die daraus gezogenen Schlußfolgerungen wurden schriftlich dokumentiert. Das Prüfungsteam entwickelt Vorschläge für Maßnahmen zur Beseitigung festgestellter Defizite. In einer Abschlußsitzung wurden

die Geschäftsführung und die Verantwortlichen der überprüften Bereiche über die Ergebnisse des Umweltaudits unterrichtet.

Audit-Nachbereitung

Vom Prüfungsteam wurde ein schriftlicher Auditbericht erstellt, der eine vollständige Dokumentation der erhobenen Daten und der daraus gezogenen Schlußfolgerungen beinhaltet. Der Bericht enthält Angaben über

- die Ziele des Umweltaudits,
- Inhalt und Umfang der Prüfung,
- Angaben über festgestellte Abweichungen von den gesetzlichen oder betrieblichen Vorgaben,
- Angaben zu umweltrelevanten Fortschritten und Verschlechterungen im Vergleich zu früheren Audits bzw. zur ersten Umweltprüfung,
- eine Einschätzung der Wirksamkeit des Umweltmanagementsystems,
- Vorschläge für Korrekturmaßnahmen.

Inhalt des Auditberichts

Im Anschluß an das Umweltaudit wurden auf der Grundlage des Auditberichts Korrekturmaßnahmen sowie Verantwortlichkeiten und Termine festgelegt. Die Verantwortung hierfür liegt bei der Geschäftsleitung und dem Managementbeauftragten für Umweltschutz sowie den Abteilungsleitern.

Wenn es zu Abweichungen kommt

Das Umweltaudit wird in regelmäßigen Abständen von maximal 3 Jahren wiederholt. Die tatsächliche Häufigkeit von Audits hängt von der Umweltrelevanz der betrieblichen Tätigkeiten und der Bedeutung und Dringlichkeit der im Rahmen der Prüfungen festgestellten Probleme ab.

Audithäufigkeit

5.3.14
Erstellung und Validierung der Umwelterklärung

„Die Unterrichtung der Öffentlichkeit durch die Unternehmen über die Umweltaspekte ihrer Tätigkeiten stellt einen wesentlichen Bestandteil guten Umweltmanagements und eine Antwort auf das zunehmende Interesse der Öffentlichkeit an diesbezüglichen Informationen dar." Daher sollen die Unternehmen regelmäßig Umwelterklärungen erstellen und verbreiten, *„aus denen die Öffentlichkeit entnehmen kann, welche Umweltfaktoren an den Betriebsstandorten gegeben sind und wie*

Zweck der Umwelterklärung

die Umweltpolitik, -programme und -ziele sowie das Umweltmanagement der Unternehmen aussehen." (RAT DER EUROPÄISCHEN GEMEINSCHAFTEN, Präambel)

Inhaltliche und formale Gestaltung der Umwelterklärung

Wann die Umwelterklärung erstellt wird

Nach der ersten Umweltprüfung und nach jeder Umweltbetriebsprüfung erstellt das Projektteam eine Umwelterklärung. Zielgruppe dieser Umwelterklärung ist die Öffentlichkeit, die über die umweltrelevanten Aktivitäten des Unternehmens unterrichtet wird. Die Umwelterklärung wird von einem zugelassenen Umweltgutachter für gültig erklärt.

Durch das Pilotprojekt wurde erstmalig mit der Durchführung des Praxisprojektes eine Umwelterklärung erstellt. Hierbei wurden die Ergebnisse der ersten Betriebsbilanz von 1994 verwendet. Das Unternehmen verpflichtet sich dazu, jedes Jahr eine weitere Umwelterklärung auf der Grundlage der Verordnung zu erstellen.

Inhalt der Umwelterklärung

Diese wird in knapper und verständlicher Form verfaßt. Zur Verdeutlichung dargelegter Sachverhalte, z.B. von Zahlenwerten und Entwicklungstendenzen, werden grafische Darstellungen eingefügt. Die Umwelterklärung umfaßt

Checkliste zur Umwelterklärung

- Name und Anschrift des Unternehmens bzw. des Standorts,
- eine Beschreibung der Tätigkeiten des Unternehmens,
- die Darstellung der betrieblichen Umweltpolitik, der Umweltziele und des Umweltprogramms,
- eine Beschreibung des Umweltmanagementsystems,
- eine Zusammenfassung aller Zahlenangaben der Input/Output-Bilanz,
- die Beurteilung der umweltrelevanten Tätigkeiten des Unternehmens,
- sonstige Faktoren, die den betrieblichen Umweltschutz betreffen,
- den Termin für die Vorlage der nächsten Umwelterklärung,
- den Namen des zugelassenen Umweltgutachters.

Auf Veränderungen, die sich seit Erstellung der vorangegangenen Umwelterklärung ergeben haben, ist hinzuweisen. Die Umwelterklärung beinhaltet keine vertraulichen Daten des Unternehmens.

Folgende Grundsätze sind bei der Erstellung der Umwelterklärung zu beachten:

- Vollständigkeit: berücksichtigen aller bedeutsamen Umweltwirkungen,
- Richtigkeit: sicherstellen, daß die Angaben wahrheitsgetreu sind,
- Aktualität: ausschließliche Verwendung der neuesten bekannten Daten,
- Willkürfreiheit: begründete und nachvollziehbare Auswahl der dargestellten Daten,
- Vorsicht: zugrundelegen eher skeptischer Annahmen bei Wissenslücken und Unsicherheiten,
- Knappheit und Klarheit: knappe Darstellung der Daten und Einhaltung einer einheitlichen Systematik,
- Kontinuität: ermöglichen der Verfolgung von Entwicklungen über mehrere Berichtsperioden durch gleichbleibende Gestaltung der Erklärungen (vgl. HERRMANN, SPILLER, S. 8).

Checkup der Umwelterklärung durch den Umweltgutachter

Eine neue Umwelterklärung wird nach jeder Umweltbetriebsprüfung erstellt. Der maximale Abstand zwischen zwei Erklärungen beträgt somit drei Jahre. In der Zwischenzeit werden jährlich vereinfachte Umwelterklärungen erstellt, die mindestens eine Zusammenfassung aller umweltrelevanten Daten des Unternehmens und Hinweise auf Veränderungen seit Erstellung der letzten Erklärung enthalten.

Die „große" alle drei, die „kleine" jedes Jahr

Prüfung und Gültigkeitserklärung durch einen Umweltgutachter

Die im folgenden beschriebene Vorgehensweise entspricht den Bestimmungen der Verordnung (EWG) Nr. 1836/93. Im Rahmen der Umweltmanagement-Norm DIN EN ISO 14001 wird ebenfalls eine Zertifizierung bzw. Selbstdeklaration des Umweltmanagementsystems angestrebt, jedoch schreibt die Norm diesbezüglich keine konkrete Vorgehensweise vor.

Die Prüfung und Validierung der Umwelterklärung und damit des gesamten Verfahrens zur Einführung und Aufrechterhaltung des Umweltmanagementsystems erfolgt durch einen zugelassenen Umweltgutachter. Die Zulassung der Gutachter erfolgt durch die Deutsche Akkreditierungs- und Zulassungsgesellschaft für Umweltgutachter (DAU). Der Gutachter wird vom Unter-

Umweltgutachter

nehmen mit der Durchführung der Überprüfung und Gültigkeitserklärung beauftragt. Die Grundlage für seine Arbeit bildet ein bilateraler Vertrag. Voraussetzung für das Verfahren ist, daß der Umweltgutachter unabhängig vom auftraggebenden Unternehmen ist.

Im Rahmen seiner Tätigkeit prüft der Umweltgutachter, ob

Dies wird abgefragt

- die Umweltpolitik,
- das Umweltmanagementsystem und das Umweltprogramm sowie
- die Durchführung der ersten Umweltprüfung bzw. der Umweltbetriebsprüfung

den Bestimmungen der Verordnung (EWG) Nr. 1836/93 entsprechen und ob

- die Angaben in der Umwelterklärung umfassend und zuverlässig sind (vgl. RAT DER EUROPÄISCHEN GEMEINSCHAFTEN, Art. 4, Abs. 5).

Die Prüfungstätigkeit des Umweltgutachters ist kein nachgeschaltetes Umweltaudit. Sie umfaßt jedoch

Was der Umweltgutachter prüft

- Einsicht in die Unterlagen (Grunddokumentation über den Standort und die dortigen Tätigkeiten, Umweltpolitik, Umweltprogramm, Beschreibung des Umweltmanagementsystems, Unterlagen der Umweltprüfung bzw. -betriebsprüfung, Entwurf der Umwelterklärung),
- Besuch des Geländes,
- Gespräche mit dem Personal,
- die Ausarbeitung eines Berichts für die Unternehmensleitung,
- die Klärung der in diesem Bericht aufgeworfenen Fragen (vgl. RAT DER EUROPÄISCHEN GEMEINSCHAFTEN, Anhang III, Teil B, Abs. 29).

Empfehlungen des Umweltgutachters als Verbesserungspotential nutzen

Im Verlauf der Untersuchung werden zum einen das Umweltmanagementsystem an sich, zum anderen stichprobenartig umweltrelevante Daten und Informationen überprüft. Stellt der Umweltgutachter Mängel fest, so teilt er diese der Geschäftsführung in seinem Bericht mit und gibt Empfehlungen für die erforderlichen Verbesserungsmaßnahmen. Hat das Unternehmen die festgestellten Mängel beseitigt bzw. wurden erst gar keine Mängel gefunden, erklärt der Umweltgutachter die Umwelterklärung für gültig. Vereinfachte Umwelterklärungen, die zwischen zwei Umweltbetriebsprüfungen erstellt wurden, brauchen erst am Ende des Betriebsprüfungszyklus für gültig erklärt werden (vgl. RAT DER EUROPÄISCHEN GEMEINSCHAFTEN, Art. 5, Abs. 6).

Eintragung in das Standortregister

Nachdem der Umweltgutachter die Umwelterklärung validiert hat, wird diese veröffentlicht. Das Unternehmen bzw. der Standort kann sich in ein Standortregister eintragen lassen. Hierzu leitet es die für gültig erklärte Umwelterklärung an die zuständige Industrie- und Handelskammer bzw. Handwerkskammer weiter. Ist diese Stelle davon überzeugt, daß der Standort die Bedingungen der Verordnung (EWG) Nr. 1836/93 erfüllt, erteilt sie gegen Entrichtung einer Eintragungsgebühr eine Registriernummer und trägt den Standort in das entsprechende Verzeichnis ein. Das Verzeichnis aller eingetragenen Standorte wird jährlich im Amtsblatt der Europäischen Gemeinschaften veröffentlicht.

Der Schritt in die Öffentlichkeit

Eintragung ins Standortregister

Mit der Eintragung in das Standortregister erhält der geprüfte Standort eine Teilnahmeerklärung, Bild 5.26.

Bild 5.26

| Die Teilnahmeerklärung gezielt einsetzen | Diese Teilnahmeerklärung kann zu Zwecken der Imagewerbung des Unternehmens, z.B. in Prospekten und auf Briefbögen, verwendet werden. Der Einsatz der Teilnahmeerklärung in der Produktwerbung bzw. auf Produkten oder ihren Verpackungen ist jedoch nicht gestattet (vgl. RAT DER EUROPÄISCHEN GEMEINSCHAFTEN, Art. 10). |

4.3.15
Kontinuierliche Verbesserung

| Grundlage für die Verbesserung | Grundlegendes Ziel der Einrichtung und Aufrechterhaltung eines Umweltmanagementsystems *"ist die Förderung der kontinuierlichen Verbesserung des betrieblichen Umweltschutzes im Rahmen der gewerblichen Tätigkeiten ..."* (RAT DER EUROPÄISCHEN GEMEINSCHAFTEN, Art. 1, Abs. 2). |

Projektauflösung

	Mit der Erstellung und Validierung der Umwelterklärung und der Eintragung des Unternehmens bzw. des Standorts in das Standortregister ist das Projekt zur
Nur das formale Projektende	Umsetzung des Umweltmanagementsystems formal abgeschlossen. Zur Auflösung des Projekts findet eine gemeinsame Projektabschlußsitzung des Projektteams und der Unternehmensleitung statt. Auf dieser Sitzung werden die im Verlauf des Einführungsprojekts erreichten Ergebnisse zusammengefaßt und im Hinblick auf das ursprüngliche Projektziel bewertet.
Die Arbeitsgruppe Umweltmanagement arbeitet weiter	Das Projektteam wird formal aufgelöst. Entsprechend der eingeführten Organisationsstruktur des betrieblichen Umweltschutzes wird die Arbeitsgruppe „Umweltmanagement" (AKUM) weiter bestehen. Auf regelmäßigen Sitzungen dieser Arbeitsgruppe wird die aktuelle Situation des Umweltmanagementsystems und des betrieblichen Umweltschutzes erörtert und weiter ausgebaut.

Die Mitarbeiter des Unternehmens werden darüber durch Informationsveranstaltungen und Mitarbeitergespräche informiert. Hierzu ist nochmals die Bedeutung der Teilnahme aller Mitarbeiter an diesem Verbesserungsprozeß und der Nutzen des Umweltschutzes für das Unternehmen und die Mitarbeiter hervorzuheben.

Schaffung einer umweltorientierten Unternehmenskultur

Mit dem Projekt ist die grundlegende organisatorische Voraussetzung für die Umsetzung einer umweltorientierten Unternehmenskultur gegeben. Die Projektfunktionen werden in die Linienfunktionen des Tagesgeschäfts überführt. Hier bewährt sich die Funktionsfähigkeit des Managementsystems als Voraussetzung für die kontinuierliche Verbesserung des betrieblichen Umweltschutzes.

Einzug des Umweltschutzes in das Tagesgeschäft

Dies wird durch die konsequente Anwendung und die ständige Überprüfung der im Verlauf des Einführungsprojekts aufgebauten Komponenten des Umweltmanagementsystems (z.B. Vorbildfunktion der Leitung, Schulung, umweltgerechte Produkt- und Prozeßgestaltung) gewährleistet.

Die Umweltschutzziele konsequent weiterverfolgen

Die Entwicklung der ökologieorientierten Unternehmenskultur ist eng mit dem Prinzip der kontinuierlichen Verbesserung verbunden. Die Verbesserung wird an der Erreichung der umweltschutzrelevanten Ziele gemessen. Die meßbaren Ziele stehen in engem Zusammenhang mit den umweltrelevanten Kennzahlen. Auf der Grundlage der erarbeiteten Zielsetzung und der zugehörigen Kennzahlen werden Maßnahmen zur Zielerreichung entwickelt. Somit beruht die Einführung des Umweltmanagementsystems nach dem vorliegenden Konzept auf meßbaren Größen.

Durch Umweltreviews wird die Wirksamkeit des Managementsystems sichergestellt. Bei dieser Form der Bewertung ist eine eventuell erforderliche Änderung von Umweltpolitik, Zielsetzungen und anderen Komponenten des Umweltmanagementsystems im Hinblick auf die Verpflichtung zu ständiger Verbesserung des betrieblichen Umweltschutzes zu berücksichtigen.

Die Wirksamkeit des Systems kontinuierlich verbessern

Es ist eine Unternehmenskultur entwickelt, in die jeder Mitarbeiter einbezogen ist, seine eigene Arbeit ständig zu verbessern. Der Umweltschutzgedanke ist integrierter Bestandteil aller betrieblichen Tätigkeiten. Die Vorbildfunktion des Managements und die stetige Förderung von Verbesserungsaktivitäten auf allen Unternehmensgebieten sind entscheidende Faktoren auf dem Weg zu einer stabilen Verbesserungskultur, Bild 5.27.

Umweltschutz in allen Tätigkeiten anstreben

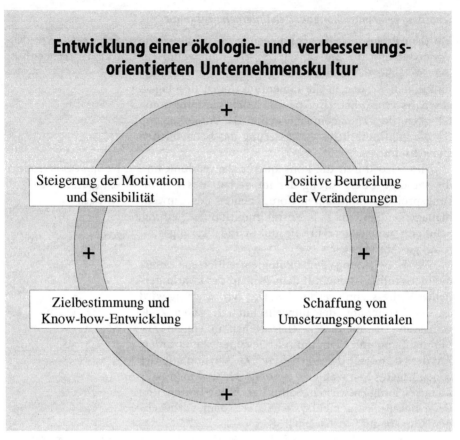

Bild 5.27

Literatur

BENZ, BIRLE, GÜNTHER, ULBRICH: Verband Deutscher Maschinen- und Anlagenbau (VDMA) (Hrsg.): Umweltschutzanforderungen in der Metallindustrie, 3. ergänzte und überarbeitete Auflage, Frankfurt (Main): Maschinenbau Verlag, 1995

BRAUNSCHWEIG, A., MÜLLER-WENK, R.: Ökobilanzen für Unternehmungen, Bern, Stuttgart, Wien: Verlag Paul Haupt, 1993

BUNDESUMWELTMINISTERIUM, BUNDESUMWELTAMT (HRSG.): Handbuch Umweltcontrolling, München: Verlag Franz Vahlen, 1995

BUTTERBRODT, D., TAMMLER, U.: Pocket Power - Öko-Audit, Umweltmanagementsystem, München, Wien: Carl Hanser Verlag, 1996

BUTTERBRODT, D., TAMMLER, U.: Pocket Power - Techniken des Umweltmanagements, München, Wien: Carl Hanser Verlag, 1996

DEUTSCHES INSTITUT FÜR NORMUNG (HRSG.) (1978): DIN 8580, Einteilung der Fertigungsverfahren, Berlin: Beuth Verlag, 1978

DEUTSCHES INSTITUT FÜR NORMUNG (HRSG.): DIN 69901, Berlin: Beuth Verlag, 1987

DEUTSCHES INSTITUT FÜR NORMUNG (HRSG.) (1996): DIN EN ISO 14001, Umweltmanagementsysteme, Spezifikationen und Leitlinien zur Anwendung, Berlin: Beuth Verlag, 1996

DEUTSCHES INSTITUT FÜR NORMUNG (HRSG.): Entwurf DIN ISO 10013, Leitfaden für die Erstellung von Qualitätsmanagement-Handbüchern, Berlin: Beuth Verlag, 1993

EGGERT, R.: Zetrifizierung von Umweltmanagementsystemen, in: Petrick, K.; Eggert, R. (Hrsg.): Umwelt- und Qualitätsmanagementsysteme, eine gemeinsame Herausforderung, München, Wien: Carl Hanser Verlag, 1995

FICHTER, K.: Die EG-Öko-Audit-Verordnung, Mit Öko-Controlling zum zertifizierten Umweltmanagementsystem, München, Wien: Carl Hanser Verlag, 1995

GLAAP, W.: Umweltmanagement leichtgemacht mit und ohne Öko-Audit-Verordnung, München, Wien: Carl Hanser Verlag, 1995

GOLDBERG, W. H.: Entscheidungsschwellen bei Umweltschutzinnovationen, in: Kreikebaum, H. (Hrsg.): Integrierter Umweltschutz - eine Herausforderung an das Innovationsmanagement, 2., erweiterte Auflage, Wiesbaden: Gabler Verlag, 1991

HAFTPFLICHTVERBAND DER DEUTSCHEN INDUSTRIE (HRSG.): Sicherheitsmanagement Umweltschutz - Wettbewerbsvorteil Umweltschutz, Hannover: 1995

HERRMANN, S.; SPILLER, A.: Umwelterklärungen als Instrument dialogorientierten Managements - Anforderungen der Öffentlichkeit, VÖW-Mitteilungen 3-4/95, S. 7-9, Berlin: 1995

HOPFENBECK, W.: Umweltorientiertes Management und Marketing, Landsberg/Lech: Verlag Moderne Industrie, 1990

HOPFENBECK, W., JACH, CH.: Ökocontrolling - Umdenken zahlt sich aus, Landsberg/Lech, Verlag Moderne Industrie, 1993

KAMISKE, G. F., BUTTERBRODT, D., DANNICH-KAPPELMANN, M., TAMMLER, U.: Umweltmanagement - Moderne Methoden und Techniken zur Umsetzung, München, Wien: Carl Hanser Verlag, 1995

KEPLINGER, W.: Erfolgsmerkmale im Projektmanagement - Wie Sie von erfolgreichen Projekten lernen können, in: Zeitschrift Führung und Organisation, 61. Jg., 1992, Nr.2, S. 99-105

KLAUSEN, J., FICHTER, K.: Umweltbericht - Umwelterklärung, Praxis glaubwürdiger Kommunikation von Unternehmen, München, Wien: Carl Hanser Verlag, 1996

KOELLE, H.H.: Systemtechnik, Skriptum zur Lehrveranstaltung, Veröffentlichung des Fachbereichs 12, Technische Universität Berlin, 1994

LAAGER, F.: Entscheidungsmodell, Leitfaden zur Bildung problemangepaßter Entscheidungsmodelle und Hinweise zur Realisierung getroffener Entscheidungen, Köln: Peter Hanstein Verlag, 1978

LFU - LANDESANSTALT FÜR UMWELTSCHUTZ BADEN-WÜRTTEMBERG (HRSG.), 1994b: Umweltmanagement in der metallverarbeitenden Industrie, Leitfaden zur EG-Umwelt-Audit-Verordnung, Stuttgart: 1994

MEFFERT, H., KIRCHGEORG, M.: Marktorientiertes Umweltmanagement, Stuttgart, Schäffer-Poeschel, 1993

RAT DER EUROPÄISCHEN GEMEINSCHAFTEN (HRSG.): Verordnung (EWG) Nr. 1836/93 des Rates vom 19. Juni 1993 über die freiwillige Beteiligung gewerblicher Unternehmen an einem Gemeinschaftssystem für das Umweltmanagement und die Umweltbetriebsprüfung, Amtsblatt der Europäischen Gemeinschaften Nr. L 168 vom 10.07.1993, Berlin: Beuth Verlag, 1993

RITTER GMBH (HRSG.): Umweltbericht 1995, Weinstadt: 1996

SCHIMMELPFENG, M., MACHMER, D. (HRSG.): Öko-Audit, Umweltmanagement und Umweltbetriebsprüfung, Taunusstein: Eberhard Blottner Verlag, 1995

SCHREINER, M.: Umweltmanagement in 22 Lektionen, Wiesbaden: Gabler Verlag, 1993

SCHULZ, E., SCHULZ, W.: Umweltcontrolling in der Praxis, München: Verlag Franz Vahlen, 1993

SELCHERT, B.: Einführung in die Betriebswirtschaftslehre - Übersichtsdarstellung, 3. erweiterte Auflage, Müchen, Wien: R. Oldenburg Verlag, 1991

SIETZ, M. (HRSG.): Umweltbewußtes Management, Taunusstein: Eberhard Blottner Verlag, 1992

SPUR, G.: Fabrikbetrieb, München, Wien: Carl Hanser Verlag, 1994

STEGER, U. (HRSG.): Handbuch des Umweltmanagements, München: Verlag C.H. Beck, 1992

STREBEL, H.: Materialien- und Energiebilanzen, in: Umweltwirtschaftsforum 1, Heidelberg, 1992, S. 9-15

STREBEL, H.: Umwelt und Betriebswirtschaft - Die natürliche Umwelt als Gegenstand der Unternehmenspolitik, Berlin: Erich Schmidt Verlag, 1980

6 Ergebnisse aus dem Fallbeispiel

Mit den Erfahrungen aus dem vorliegenden Fallbeispiel konnte gezeigt werden, daß auf diesem Weg die ökologieorientierte Unternehmensentwicklung erreicht werden kann. Vergleichbar zur historischen Entwicklung im Qualitätsmanagement muß auch betrieblicher Umweltschutz in die Wertschöpfungskette einbezogen werden. Hier werden die Spezialisten im Unternehmen quasi zu Dienstleistern am Prozeß.

Umweltschutz und Qualitätsmanagement in die Wertschöpfungskette einbeziehen

Durch die konsequente und systematische Umsetzung des Konzeptes konnte das angestrebte Umweltmanagementsystem verwirklicht werden. Diese wurde schrittweise durch Abarbeiten der Arbeitspakete vollzogen. Der Einsatz einiger Qualitäts- und Umweltmanagementtechniken wurde erfolgreich durchgeführt.

Arbeitspakete abgearbeitet

Die Anwendung des Umsetzungskonzepts führte zu folgenden konkreten Ergebnissen. Durch die gezielte, systematische und pragmatische Herangehensweise wurde das Projekt gut vorbereitet. Auf der Grundlage der Instrumente des Projektmanagements, insbesondere dem Strukturplan und den Zeitplänen wurde Transparenz über den Umfang des Projekts erzielt. Der Projektstart und die Projektvorbereitung sowie die Teambildung sind damit gut vollzogen. Im Anschluß daran sind durch die Visualisierungsmethoden in den Workshops die Formulierung der Umweltpolitik und eine themengebundene Teamentwicklung gut gelungen.

Gezielte Projektvorbereitung

Bedeutung des Projektmanagements

Die Situationsanalyse bildet sowohl für den materiellen Teil der Input/Output-Analyse als auch für den organisatorischen Teil eine fundierte Basis. Durch abteilungsübergreifende Gruppen unter Leitung der Mitglieder des Kernteams wurde die Datenerfassung erfolgreich durchgeführt. Defizite in der Organisation des Umweltschutzes und bei der Umsetzung wurden ermittelt und konnten im Anschluß durch die auf Umweltbe-

Mitarbeiter wurden konsequent einbezogen

Daten wurden zusammengestellt

lange ausgeweitete Aufbauorganisation verringert werden. Hier ist die Datenbasis für die weitere Vorgehensweise geschaffen und das Risiko der Rechtsunsicherheit verringert worden.

Auf der Grundlage dieser Datenbasis wurde in Anlehnung an das entwickelte Konzept zur Umsetzung von Zielen das Umweltprogramm entwickelt. Integrativ ist bei dieser Vorgehensweise der Teamentwicklungsprozeß des Kernteams und des erweiterten Arbeitskreises mit allen Abteilungsleitern erfolgreich weitergeführt worden. Zunächst wurden, noch in einer sehr frühen Projektphase konkrete Ziele zur Beseitigung akuter Schwerpunktprobleme, wie z.B. die sofortige Sicherung aller Gebinde für Betriebsmittel und wassergefährdende Stoffe erarbeitet. Diese Ziele wurden auf der Grundlage der Ergebnisse der ersten Arbeitskreissitzung formuliert und in Tabellenform erstellt. Dabei wurden konzeptionelle, organisatorische und technische Ziele aufgestellt. Auch bei den Zielen wurde eine schnelle Abarbeitung angestrebt. In diesem Zusammenhang wurden das Konzept zur Mitarbeiter-Information, das Abfallkonzept, das Anlagenkataster und die Planung und Realisierung des Öllagers vollzogen.

Der Teamentwicklungsprozeß wurde kontinuierlich fortgesetzt

Auf der Grundlage technischer und organisatorischer Maßnahmen konnte im gesamten Unternehmen der Betriebsmittelverbrauch gesenkt werden (siehe Bild 6.1). Durch die Neugestaltung des Öllagers wird eine abteilungs- und prozeßorientierte Datenerfassung aller wassergefährdenden Stoffe ermöglicht. Damit besteht die Möglichkeit, gezielt Prozeßbilanzen bezüglich dieser Stoffe zu erstellen und auf der Grundlage des Konzepts zur Zielformulierung Abteilungsziele zu formulieren.

Der Betriebsmittelverbrauch wurde gesenkt und Kosten gespart

Bei den aufgeführten Betriebsmitteln ist insgesamt ein Rückgang festzustellen. Bei der Hydraulikflüssigkeit und den Ölen, Fetten und Schmierstoffen wird der Rückgang auf organisatorische Veränderungen zurückgeführt. In den beiden Gießereiabteilungen wurde verstärkt auf den sparsamen Umgang mit Betriebsmitteln geachtet. Der Anstieg des Trennmittelverbrauchs im Jahr 1995 wird auf eine veränderte Produktpalette zurückgeführt. Der Rückgang des Verbrauchs an Säuren, Laugen und Chemikalien beruht auf organisatorischen Maßnahmen wie auch auf einer veränderten Produktpalette im Jahr 1995.

Die Ergebnisse können sich sehen lassen

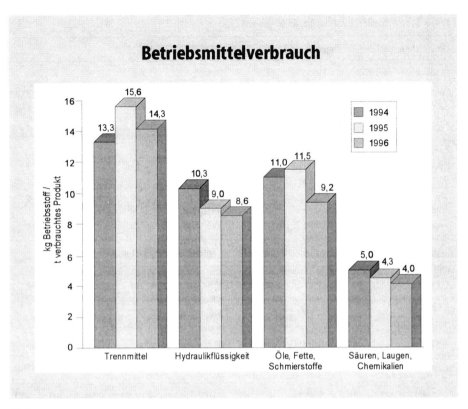

Bild 6.1

In Tabelle 6.1 sind weitere Kennzahlen aufgeführt. Hier sind die wichtigsten Eingangs- und Ausgangsgrößen zusammengestellt. Insgesamt ist ein leichter, bei einigen Stoffen jedoch auch ein deutlicher Rückgang festzustellen. Für 1996 wurde für das gesamte Unternehmen ein weiterer Rückgang bezogen auf eine Tonne fertigen Produktes erreicht. Für die nächsten Jahre wird auf der Grundlage dieser Kennzahlen eine Einsparung von 5% aller eingesetzten Stoffe geplant. Hierzu werden neben den organisatorischen auch technische Lösungen erarbeitet (z.B. stärkere Verdünnung des Trennmittels und Einsatz von vollautomatischen Sprüheinrichtungen zum Aufbringen des Trennmittels).

Kennzahlen als Managementinstrument

6 Ergebnisse aus dem Fallbeispiel

Tabelle 6.1. Umweltkennzahlen als Steuergrößen

Umweltkennzahlen (alle Angaben pro Tonne verkauften Produktes)							
Input	1994	1995	1996	Output	1994	1995	1996
Rohstoffe	1,332 t	1,212 t	1,206 t	Wertstoffe	462,9 kg	434,2 kg	401,2 kg
Betriebsstoffe	49,5 kg	48,9 kg	47,5 kg	Aluminium (Angüsse, Späne, Krätze)	454 kg	426 kg	394,7 kg
Trennmittel	13,3 kg	15,6 kg	14,3 kg	Pappe/Papier	7,9 kg	8,9 kg	5,8 kg
Hydraulikflüssigkeit	10,3 kg	9,0 kg	8,6 kg	Reststoffe	84,1 kg	54,3 kg	50,7 kg
Öle, Fette, Schmierstoffe	11,0 kg	11,5 kg	9,2 kg	ölhaltige Schlämme	5,4 kg	3,6 kg	3,0 kg
Säuren, Laugen, Chemikalien	5,0 kg	3,5 kg	4,0 kg	ölverschmutzte Betriebsmittel	8,7 kg	7,7 kg	6,5 kg
Reinigungsmittel	2,9 kg	4,4 kg	2,4 kg	Emulsionen	22,8 kg	17,9 kg	18,1 kg
Wasser	3,4 m³	3,3 m³	3,3 m³	besonders überwachungsbedürftige Abfälle	6,4 kg	4,8 kg	4,5 kg
Strom	1679 kWh	1620 kWh	1503 kWh				
Gas	506 m³	454 m³	404 m³				

Material- und Öllager als Nadelöhr für die Bilanzierung nutzen

Diese mit einer umweltrelevanten Prozeßbilanz vergleichbare Datenerfassung ist durch die Inbetriebnahme des neuen Öllagers möglich. Neben der Einlagerung der Betriebsstoffe wird auch deren Entnahme systematisch erfaßt. Eingesetzte Stoffmengen sind somit den einzelnen Abteilungen zuzuordnen. Durch diese Vorgehensweise wird das Daten- und Informationsnetz präziser und somit das Fundament für umweltrelevante Entscheidungen immer fester. Neben der umweltorientierten Ausrichtung des Unternehmens durch die Umsetzung des Einführungskonzepts wurde mit den Umweltkennzahlen ein weiteres Führungsinstrument erarbeitet.

Den Projektverlauf abbilden

In Bild 6.2 wird der Projektverlauf bezogen auf die Anforderungen der Verordnung (EWG) Nr. 1836/93 dargestellt. Hierbei werden im Zentrum der Darstellung die einzelnen Elemente des Umweltmanagementsystems entsprechend Anhang I, Teil B der Verordnung (EWG) Nr. 1836/93 abgebildet. Die einzelnen Ablaufschritte von der Vorbereitung über die Erfassung und Durchführung bis hin zur Verankerung und Erhaltung werden radial aufgetragen. Diese fünf Ablaufschritte spiegeln das im Rahmen der vorliegenden Arbeit entwickelte Umsetzungskonzept wider. Der inhaltliche Zusammenhang zwischen dem Umsetzungskonzept, der DIN EN ISO 14001 sowie der Verordnung (EWG) Nr. 1836/93 ist in der Referenzliste der Tabelle 5.3 aufgeführt. Durch die Schraffierung wird der aktuelle Stand des Projekts kenntlich gemacht.

Die konzeptionellen, inhaltlichen und formalen Anforderungen an das Umsetzungskonzept konnten in allen Punkten erfüllt werden. Durch die Anwendung des Konzepts wurden betriebsinterne Projektmanagementstrukturen entwickelt, die sowohl für den betrieblichen Umweltschutz als auch in den Bereichen Qualitätsmanagement und Arbeitssicherheit zum Tragen kommen. Die Aufsplittung in Arbeitspakete unterstützt die Umsetzung der komplexen Aufgaben zur Anpassung der Organisationsstruktur.

Arbeitspakete verschaffen den Durchblick

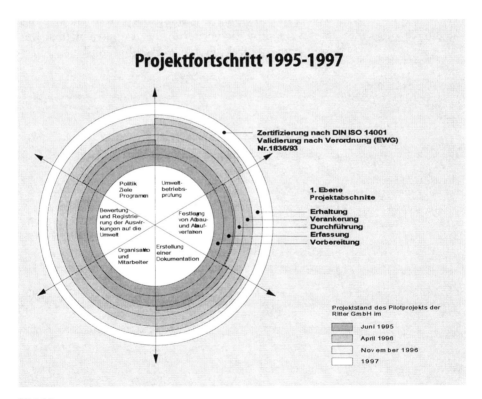

Bild 6.2

Die Ergebnisse im Überblick

Durch das ausgewählte Unternehmen wird eine Vielzahl umweltrelevanter Problemfelder in mittelständischen Betrieben abgedeckt. Hierdurch wird die branchen- und unternehmensübergreifende Übertragbarkeit des Konzepts gewährleistet.

Das Umweltmanagementsystem wurde bis zur Zertifizierungsreife entwickelt. Dabei wurden alle nach DIN EN ISO 14001 und EMAS aufgestellten Forderungen abgearbeitet. In Bild 6.3 sind die Ergebnisse aus dem Fallbeispiel dargestellt. Die Ergebnisse wurden im Laufe der Umsetzung des Umweltmanagementsystems erzielt und in den jeweiligen Abschnitten von Kapitel 5.3 beschrieben. Unter jedem Teilergebnis steht die Seitenzahl, auf der die Vorgehensweise und das Ergebnis im Rahmen des Buches beschrieben werden.

Am wirkungsvollsten kommt das Konzept zur Geltung, wenn neben der verantwortlichen Projektgruppe die Leiter der betroffenen Fachabteilungen nicht nur von Projektbeginn an einbezogen werden, sondern wenn sie aktiv die Forderungen des betrieblichen Umweltschutzes direkt in der Wertschöpfungskette umsetzen.

6 Ergebnisse aus dem Fallbeispiel

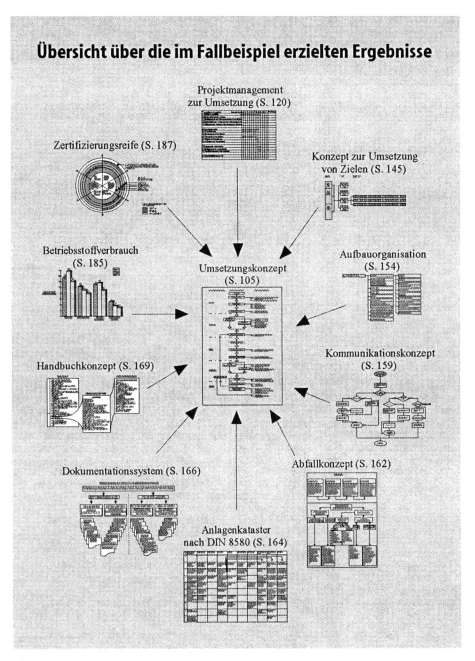

Bild 6.3

Sach- und Namensverzeichnis

ABC-Analyse	146
Abfallbeauftragter	47
Abfallgesetz	47
Abfallverbringungsgesetz	48
Abfallverbringungsverordnung	48
Ablauforganisation	155
adaptives Integrationsmodell	85
Affinitäts-Diagramm	63
allgemein anerkannte Regeln der Technik	41
Angebotsprodukte	91
Arbeitskreis Umweltmanagement	122
Arbeitspakete	104
Aufgabenanalyse	7
Aufgabensynthese	7
Aufnahmebogen	73
Betriebsbeauftragte	19
Betriebsbilanz	67, 144
Betriebsmittelverbrauch	184
British Standard Institute (BSI)	74
Bundesimmissionsschutzgesetz	48, 135
Bundesimmissionsschutzverordnungen	49
Bürgerliches Gesetzbuch	135
Checkliste	129
Company-Wide-Quality-Control-System	56
Crosby	56, 57
Deming	56, 59
Deming-Prize	13
Denker der Qualitätswissenschaft	14
Detailziele	145
Deutsche Akkreditierungs- und Zulassungsgesellschaft für Umweltgutachter (DAU)	176

Dokumentation	26, 165
Dokumente, Handhabung	35
Eingriffsgrenze	70
elementare Organisationselemente	3
elementare Werkzeuge (Q7)	72
End-of-pipe-Technologie	XIV, 56, 57, 61
Environmental Management and Auditing Scheme (EMAS)	17, 20
Erlasse	41
Europäisches Kommitee für Normung (CEN)	77
European Quality Award (EQA)	13
EWG-Vertrag	42, 43
Fehlermöglichkeits- und -einflußanalyse (FMEA)	66, 140
Feigenbaum	56
Fließbild	133
führungsorientierte Elemente	88
Gemeinschaftssystem für Umweltmanagement und Umweltbetriebsprüfung	20
Gesetze	41
Gesetzgebung, konkurrierende	40, 47
Gewässerschutzbeauftragter	46
Gültigkeitserklärung	175
Gute Managementpraktiken	20, 24, 27, 85
Haftungsrisiken	19
Handbuch	84
Hauptprodukt	55
Histogramm	73
House of Quality	64
Immissionsschutzbeauftragter	49
Informationssystem	158
Input/Output-Analyse	126
Integrationsmodell	
- adaptives	85
- summarisches	2, 83
Interrelationship-Diagramm	64
Ishikawa	56
Juran	56
Kaizen	12
Kommunikation	34

Kommunikationssystem	158
Konstruktions-FMEA	66
Kontenstruktur	129
Korrelationsdiagramm	73
Kreislaufwirtschafts- und Abfallgesetz	48, 135
Landeswassergesetze	45
Leitbild	115
Leitlinien	124
Linienorganisation	151
Ludwig-Erhard-Preis	13
Malcolm Baldrige National Quality Award	13
Management-Handbuch	84
Management-Werkzeuge (M7)	63
Managementsystem, umfassendes	108
Maschinenfähigkeit	69
Matrix-Daten-Analyse	64
Matrix-Diagramm	64
Mitarbeiterqualifikation	10
Nebenprodunkte, unerwünschte	15, 16, 53, 55, 61, 88, 91
Netzplan	64
Notfallvorsorge	35
Null-Fehler-Philosophie	56, 61
Ökologie	15
ökologische Buchhaltung	67
ordnungsrechtliche Instrumente	18
Ordnungssystem	4
Ordnungswidrigkeitengesetz	135
Organisation	95
Organisationsbegriff	
- funktionaler	4
- institutioneller	5
- instrumenteller	5
Organisationsentwicklung	13, 15
Paretodiagramm	73
Personalentwicklung	157
phasenbezogene Elemente	92
phasenübergreifende Elemente	88, 92
Problem-Entscheidungs-Plan	64
Produktentstehungsproceß	92
Produktlinienanalyse	67

Produktqualität	55
Produktverantwortung	48
Projekt	
-ablauf	102
-abschnitte	104
-auftrag	117
-leiter	118
-organisation	98
-planung	104, 120
-schritte	104
-team	104, 118
Prozeß	
-definition	100
-fähigkeit	69, 92
-fähigkeitsindex	69, 71
-FMEA	66
-organisation	98, 100
Qualitätsbegriff	10, 58
Qualitätsdenken	13
Qualitätsmanagement	9, 53, 73
-umfassendes	57, 74
Qualitätsmanagementsysteme	13
Qualitätsplanung	63
Qualitätsregelkarte	73
Qualitätssicherung	53, 74
Qualitätstechniken	13, 58, 61
Qualitätszirkel	71
Quality Function Deployment (QFD)	64
Querschnittsfunktionen	102
Rechtsverordnungen	41, 45
Reinhaltegebote	45
Relationen-Diagramm	64
Richtlinien	44
Risikoprioritätszahl (RPZ)	66
Sankey-Diagramm	133
Schwachstellen, umweltrelevante	127
Shainin	68
Simultaneous Engineering	56
soziotechnisches System	5, 6
Stabsorganisation	152
Stand der Technik	41
Stärken-Schwächen-Profil	65

statistische Prozeßregelung (SPR)	69
statistische Versuchsplanung	68
Störfallbeauftragter	49
Strukturmodell	98
summarisches Integrationsmodell	83
Sustainable Development	14
System	97
-elemente	97
-FMEA	66
-grenzen	132
-technik	97
systemorientiertes Denken	96
Taguchi	57, 68
technische Anleitungen (TA)	41
Teilnahmeerklärung	30, 177
Total Environmental Management (TEM)	78
Total Quality Control (TQC)	56
Total Quality Management (TQM)	9
Umsetzungskonzept	95
Umweltaktionsprogramm	21, 42
Umweltaudit	76, 170, 173
Umweltauditgesetz (UAG)	20, 29
Umweltbericht	37
Umweltbetriebsprüfung	20, 21, 22, 24, 26, 27
Umweltbetriebsprüfungsprogramm	27
Umweltcontrolling	156
Umwelteinwirkung	24, 36
Umwelterklärung	29, 36, 37, 85, 174, 176
Umweltgutachter	29, 176
Umwelthaftungsgesetz	135
Umweltmanagement	16, 76
Umweltmanagement-Handbuch	34, 168
Umweltmanagementsystem	14, 16, 19
Umweltmanagementsystem-Audits	36
Umweltmanagementtechniken	63, 111, 139
Umweltpolitik	24, 32, 33, 124
- betriebliche	18
Umweltprivatrecht	39
Umweltprogramm	25, 33, 144
Umweltprüfung	24
Umweltschutz, betrieblicher	16
Umweltschutz-Organisation	102
Umweltschutzmaßnahmen, integrierte	XIII

Umweltschutzqualität	28
umweltspezifische Aspekte	32
Umweltrecht	22, 38
umweltrelevante Kriterien	161
Umweltstrafrecht	40
Umweltverträglichkeit	65, 69
Umweltverwaltungsrecht	39
Umweltziele	24, 33
Unterweisung	158
Ursache-Wirkungs-Diagramm	73
Verbesserung, kontinuierliche	12, 22 25, 38, 56, 58, 61
Verfahrensanweisungen	26
Verordnungen	44
Verunreinigungsverbote	45
Verwaltungsvorschriften	41
Verwertungs- und Entsorgungskonzept	161
Warngrenze	70
wassergefährdende Stoffe	46
Wasserhaushaltsgesetz	45
Wertschöpfung	53
Zentralbereich	153
Zertifizierung	13, 85
Ziele, umweltrelevante	142

G. Winter (Hrsg.)

Ökologische Unternehmensentwicklung

1997. XIII, 322 S. 86 Abb. Geb.
DM 98,-; öS 715,40; sFr 86,50
ISBN 3-540-61790-6

Das Buch behandelt die Einbindung des Umweltschutzes in Unternehmen. Die Autoren stellen moderne Managementkonzepte vor, in die die ökologische Ausrichtung integriert ist. Eine umweltorientierte Organisationsgestaltung und Unternehmensführung werden vorgestellt. Konkrete Lösungsansätze werden entwickelt für die Einbindung der Mitarbeiter, den Umgang mit Informationen und den Einsatz strukturierter methodischer Hilfen bei der praktischen Arbeit. Ein weiterer Schwerpunkt ist die Frage der umweltrelevanten Kosten.

H.-J. Bullinger, H.-J. Warnecke (Hrsg.)

Neue Organisationsformen im Unternehmen
Ein Handbuch für das moderne Management

1996. XXXIV, 1128 S. 508 Abb. Geb.
DM 198,-; öS 1445,40; sFr 173,-
ISBN 3-540-60263-1

Unternehmen müssen neue Organisationsformen entwickeln, um in dem immer komplexer werdenden Markt konkurrenzfähig zu bleiben. Das Handbuch stellt alle Aspekte einer innovativen Organisationsgestaltung aktuell und praxisgerecht dar - von den wissenschaftlichen Grundlagen über spezielle Fragestellungen bis zur problemorientierten Lösung.

Preisänderungen vorbehalten.

H. Krinn, H. Meinholz

Einführung eines Umweltmanagementsystems in kleinen und mittleren Unternehmen

Ein Arbeitsbuch

Unter Mitarbeit von **A. Drews, R. Eppler, G. Förtsch, G. Mai, R. Moosbrugger, E. Seifert**

1997. X, 677 S. 39 Abb. Geb.
DM 198,-; öS 1445,40; sFr 173,-
ISBN 3-540-62465-1

Das Buch beschreibt die einzelnen Phasen, die im Rahmen der EG-Öko-Audit-Verordnung zum Aufbau eines Umweltmanagementsystems durchzuführen sind. Es hilft den verantwortlichen Personen in kleinen und mittleren Unternehmen, den betrieblichen Umweltschutz selbständig zu organisieren. Die einzelnen Kapitel des Buches entsprechen den jeweiligen Schritten beim Aufbau eines Umweltmanagementsystems. Jedes Kapitel wird durch das konkrete Beispiel einer Modellfirma ergänzt.

L. Schultz-Wild, B. Lutz

Industrie vor dem Quantensprung

Eine Zukunft für die Produktion in Deutschland

1997. X, 202 S. 10 Abb. Brosch.
DM 36,-; öS 262,80; sFr 32,50
ISBN 3-540-61246-7

Wie sieht die Kur aus, die deutsche Unternehmen fit macht für das 21 Jahrhundert? Die Antwort geben Spitzenmanager innovativer Industrieunternehmen und Wissenschaftler verschiedener Fachrichtungen, deren Diskussionsergebnisse von einer erfahrenen Journalistin praxisgerecht zu einem spannenden Lesebuch aufbereitet wurden.

■■■■■■■■■■■

Preisänderungen vorbehalten.

Druck: Mercedesdruck, Berlin
Verarbeitung: Buchbinderei Lüderitz & Bauer, Berlin